元素の周期表

遷移元素
（その他は典型元素）

10	11	12	13	14	15	16	17	18
								2He ヘリウム 4.003
			5B ホウ素 10.81	6C 炭 素 12.01	7N 窒 素 14.01	8O 酸 素 16.00	9F フッ素 19.00	10Ne ネオン 20.18
			13Al アルミニウム 26.98	14Si ケイ素 28.09	15P リ ン 30.97	16S 硫 黄 32.07	17Cl 塩 素 35.45	18Ar アルゴン 39.95
28Ni ニッケル 58.69	29Cu 銅 63.55	30Zn 亜 鉛 65.38	31Ga ガリウム 69.72	32Ge ゲルマニウム 72.63	33As ヒ 素 74.92	34Se セレン 78.96	35Br 臭 素 79.90	36Kr クリプトン 83.80
46Pd パラジウム 106.4	47Ag 銀 107.9	48Cd カドミウム 112.4	49In インジウム 114.8	50Sn ス ズ 118.7	51Sb アンチモン 121.8	52Te テルル 127.6	53I ヨウ素 126.9	54Xe キセノン 131.3
78Pt 白 金 195.1	79Au 金 197.0	80Hg 水 銀 200.6	81Tl タリウム 204.4	82Pb 鉛 207.2	83Bi* ビスマス 209.0	84Po* ポロニウム (210)	85At* アスタチン (210)	86Rn* ラドン (222)
10Ds* ームスタチウム (281)	111Rg* レントゲニウム (280)	112Cn* コペルニシウム (285)	113Nh* ニホニウム (286)	114Fl* フレロビウム (289)	115Mc* モスコビウム (288)	116Lv* リバモリウム (293)	117Ts* テネシン (294)	118Og* オガネソン (294)

64Gd ドリニウム 157.3	65Tb テルビウム 158.9	66Dy ジスプロシウム 162.5	67Ho ホルミウム 164.9	68Er エルビウム 167.3	69Tm ツリウム 168.9	70Yb イッテルビウム 173.1	71Lu ルテチウム 175.0
6Cm* キュリウム (247)	97Bk* バークリウム (247)	98Cf* カリホルニウム (252)	99Es* アインスタイニウム (252)	100Fm* フェルミウム (257)	101Md* メンデレビウム (258)	102No* ノーベリウム (259)	103Lr* ローレンシウム (262)

）内に示した。

好きになる

化学基礎実験

丸田銓二朗　山根　兵　丸田俊久　佃　俊明

三共出版

まえがき

本書は，大学，短大，工業高専などの基礎科目あるいは共通科目として行う化学実験の教科書または参考書として編纂したものである。

「化学実験において取り扱うことは沈殿の生成や溶解，光の吸収，発色，物体の状態の変化，容積や重量の測定など物理的現象が多い。しかし，これらの千差万別の現象はイオン，原子，基，分子などの変化に由来するものである。実験で体験観察した事象と化学変化との関係を考究することによって化学的知識を確実にすると共に，複雑な自然現象の根底にある自然の摂理を認識し，さらにその法則性を応用するという科学的態度を養成することができる。このため，基礎科目または教養科目として化学専攻でない学生にも化学実験が課せられている。(『化学基礎実験』(丸田銓二朗著，三共出版) より)。

1991 年の大学設置基準の大綱化以来，各大学でのカリキュラムの見直しにより，授業時間の減少やほとんどの授業で前期，後期の半期で終わらせるような改革が行われている。

本書はこうした時代の変革に則した半期用の化学実験の教科書をつくるために，上掲の旧著をベースに新たに書き直し，編纂したものである。旧著は通年用に編纂されているうえ，単位系や用語，実験項目当たりの時間数，その他時代にそぐわない点も多々生じているので，これを新たな視点で見直し，内容の刷新を図った。

本書の作成に当たっては，「見やすく，わかりやすい実験書」，をスローガンとして，まず全体の実験操作をフローチャートで示すことにより実験の全体の流れを視覚的にも把握しやすくなるようにした。そして各操作段階の要点を簡潔に文章で示すことにした。直前に，あるいは実験中に手順や実験操作を確かめたい時に，すぐに参照することができるのも本書の特長である。

本書では，化学の領域をできるだけ広くカバーするように分析化学，無機化学，物理化学，有機化学の各分野から基本的な実験項目を選んだ。

本書は原則的に週 1 回で 3 ～ 4 時間の授業時間とした場合，半期，15 週の化学実験用に編纂したものであるが，実験項目の数は半期用にしては多めに設定してあるので，各大学の事情や担当教員の考えで取り上げる実験項目やその数を適当に選択されたい。

まだまだ不十分な点，不適当な記述や誤った箇所，誤植などもあるかもしれないので，お気付きの点をご教示いただければ幸いである。

2017 年 1 月　　　　　　　　　　　　　　　　　　　　　　著者一同

目　　次

1　無機定性分析

4　無機・物理化学実験

5　有機化学実験

補　遺

1 無機定性分析

1.1 総　　説

§1　定性分析

化学分析には，試料を構成している元素，イオン，原子団，異性体などの種類を明らかにする定性分析と各成分の量を明らかにする定量分析とがある。定量分析については 2，3 章において述べる。

試料が単純な組成のものであれば色，臭い，結晶形，硬度，比重，融点，沸点，溶解度などの物理的特性あるいは炎色反応など比較的簡単な方法で定性分析をすることができる。複雑な組成の試料は発光分光分析，原子吸光分析，質量分析，クロマトグラフィーなど特別な装置を用いる方法により定性分析をすることができるが，一般学生実験には適しない。通常行われる方法は，試料を適当な方法によって均一な溶液とし，種々の化学反応を利用して成分を分離したのち，特異的な検出反応によって確認する湿式定性分析法である。

湿式法で利用する反応の主なものを次にあげる。

(1) 沈殿反応

例えば，Ag^+ を含む溶液に Cl^- を含む溶液を加え，溶解度の小さな白色の塩化銀をつくって沈殿させ，第 2 族以下のイオンと分離し、検出することができる。

(2) 選択的反応

特定のイオンまたは原子団とだけ反応する選択性の高い試薬があれば，容易にそれらを検出することができる。Ni^{2+} に対するジメチルグリオキシム，Al^{3+} に対するアルミノンなどはその例である。

(3) 溶解反応

例えば，硫酸鉛(II) の沈殿に酢酸アンモニウムを作用させると，溶解度の大きな酢酸鉛(II) となって溶解する。

(4) 酸化還元反応

例えば，Cu^{2+} を含む溶液に釘（Fe）を浸しておくと銅が析出し，鉄がイオンとなって溶解する。

(5) 気体発生反応

試料に過剰な水酸化ナトリウムを加えて加熱し，アンモニアガスの発生を認めれば，試料はアンモニウム化合物を含むことを推定することができる。

§2　定性分析実施上の一般的注意

(1) 定性分析の実験を通じて，化学反応を理解するとともに基礎的な化学実験操作法を身につけるために行うのであるから，各操作による変化を絶えず観察し，考えながら実験しなければならない。

(2) 加える試薬量は，指定されているときはそれに従う。指示がない場合には少量ずつ加え，特別の場合を除き当量かそれよりわずか過剰に加える。大過剰に加えると液量の増加による目的成分濃度の減少により，反応が不明瞭になったり，後の実験に支障となることもある。

(3) 本書の定性分析の実験では，被分析成分を 5 ～ 10 mg 含有する 0.5 ～ 1 mL 程度の溶液を試料溶液とする。液量 5 ～ 10 mL（被分析成分 50 ～ 500 mg を含む）を用いる常法と 3 ～ 5 mg を扱う微量分析との中間であるから，半微量法という。半微量法は，① 分析所要時間が常法より短い，② 実験室の混雑が少ない，③ 試薬使用量が少ない，④ 微量法のように顕微鏡を用いる必要がなく，化学反応が肉眼で観察できる，⑤ 廃液量が少ない，などの利点がある。

§3　定性分析の基本操作

(1) 沈殿の生成

沈殿は，溶液中の溶質が飽和に達し，液相中に固相が細かい粒状，ときにはコロイド状に現われる現象である。沈殿は必ずしも試験管の底に沈積するとは限らない。沈殿をつくるための試薬を加える前と後の試料溶液の変化を注意深く観察し，固相が現れたか否かを識別する。

溶液から目的成分を分離する場合には，その成分と作用して溶解度が小さい化合物を生成するような試薬を選んで添加する必要がある。定性分析に利用される主要な化合物の溶解度積を表 1-1 に示す。

表 1-1　主な化合物の溶解度積（25℃）

化合物	溶解度積	化合物	溶解度積	化合物	溶解度積
AgCl	1.0×10^{-10}	$BaCrO_4$	2.4×10^{-10}	$CaCO_3$	8.7×10^{-9}
Ag_2CrO_4	1.1×10^{-12}	$BaSO_3$	8.0×10^{-7}	$CaSO_4$	1.9×10^{-4}
Ag_2CO_3	8.2×10^{-12}	$BaSO_4$	1.0×10^{-10}	CaC_2O_4	2.6×10^{-9}
Hg_2Cl_2	1.3×10^{-18}	$Cu(OH)_2$	1.6×10^{-19}	$Fe(OH)_2$	8.0×10^{-16}
$PbCl_2$	1.6×10^{-5}	CuS	9.0×10^{-36}	$Fe(OH)_3$	4.0×10^{-38}
$PbCO_3$*2	1.5×10^{-13}	CdS	1.0×10^{-28}	FeS	6.0×10^{-19}
$PbCrO_4$	1.8×10^{-14}	SnS*	1.0×10^{-27}	$ZnS(\alpha)$	1.0×10^{-21}
$PbSO_4$	1.6×10^{-8}	$Al(OH)_3$	2.0×10^{-32}	$NiS(\alpha)$*	3.0×10^{-19}
BaC_2O_4	2.3×10^{-8}	$Cr(OH)_3$*	6.3×10^{-31}		

無印：クリスチャン分析化学（丸善）
＊1：化学便覧（丸善）
＊2：Pradyot Patnaik, “Handbook of Inorganic Chemicals”, McGraw-Hill (2002).

沈殿を作るときには，溶解度に影響を及ぼす温度，水素イオン濃度，共通イオン，有機溶媒などの効果についても考慮する。析出した結晶を大きく成長させる熟成については2.3§4を参照されたい。

(2) バーナーの使用法

加熱には図1-1に示したテクルバーナーを使用する。

① ゴム管が元栓と図1-1に示した（B）のGにしっかり差し込まれていることを確かめる。

② 調節部を回してガス孔と空気孔を閉ざしておき，元栓を開く。マッチをすり，ガス調節部を回してガスを少量流出させて点火する。ガスを流出させてからマッチを捜すようなことはしない。マッチの燃えがらは必ず水の入った所定の容器に入れる。

③ 空気調節部を回して空気を流入させ，炎の黄色が消える程度に調節する。定性分析においては，多くの場合炎の高さが3～4 cmぐらいの小さな弱い炎で加熱する。

定量分析でのるつぼの強熱のように強大な炎で熱するときは，ガスと空気の量を増加させて酸化炎と還元炎とが明瞭に認められるようにし，還元炎の先端から1～2 cm上の酸化炎で熱する。

④ 空気流入量が多過ぎると炎が突然消えたり，バーナー底部でボーと音を出しながら燃えることがある。元栓を閉じ，炎を消してバーナーが冷却してから再び点火する。

⑤ ガスと空気の量によって差があるが，大体の炎の温度を図1-1（A）に示す。

⑥ 火を消すときは，空気調節部を回して空気の流入を止め，次にガスの流出を止め，最後に元栓を閉じる。

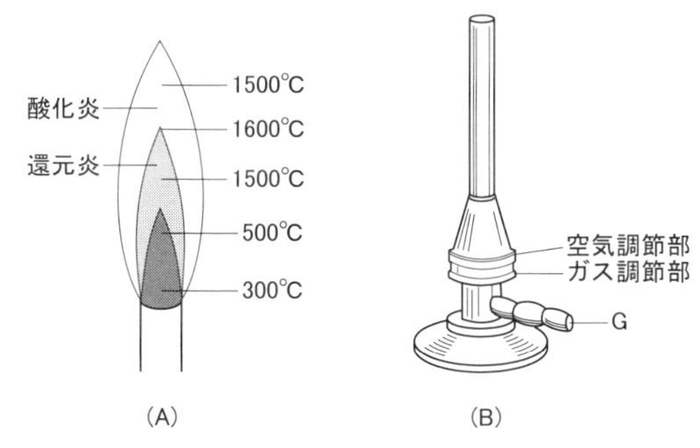

図1-1　テクルバーナー

(3) 沈殿の分離（ろ過）

沈殿を母液から分離するためにろ過を行う。実験全体の所要時間の相当な部分がろ過のために使われるのでこの操作を上手にすることが実験を順調に遂行するこつである。

図1-2（A）のように，外径約1 cm長さ約9 cmのろ過管に脱脂綿を入れ，少量の水を加えてガラス棒で押し，上面を平らにする。脱脂綿を固くつめるとろ過に長時間を要するので，はじめは，ゆるくつめてろ過し，もし沈殿がろ液中に認められたら少し固くつめてろ過しなおす。水酸化鉄(III)や水酸化アルミニウムのようなゲル状の沈殿をろ過するときは，脱脂綿の量を少なくしてゆるくつめる。反応液を静置して上澄み液を駒込ピペットでろ過管に移し，次に沈殿を含ん

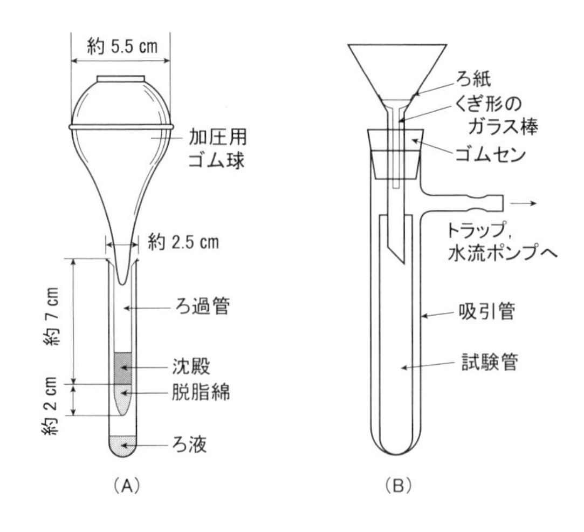

図 1-2　ろ　過　法

だ液を移す。なるべく自然に流下させるのがよい。ろ過に長時間を要するようであったら，ろ過管を入れた試験管を左手で持ち，加圧用ゴム球を右手に持って先端をろ過管上部に入れてゆっくりと握りしめて加圧する。右手をゆるめずに，ゴム球の先端をろ過管からはなす。そのまま右手をゆるめると脱脂綿が浮き上ることがある。はじめから加圧すると沈殿の種類によっては脱脂綿の間に沈殿がつまって，かえってろ過しにくくなることがあるので，はじめからの加圧はしない方がよい。使用後に，ろ過管を逆さにして細い先端口から針金を入れて脱脂綿を押し出す。

図 1-2（B）のように，小漏斗にくぎ形のガラス棒を入れ，上にろ紙を置き，水で密着させた後，水流ポンプで吸引してろ過する方法もある。

(4) 沈殿の洗浄

脱脂綿や沈殿に付着している母液を除くため，指定された洗液で洗浄する。この操作を省略すると実験結果が不正確になることが多い。ただし，必要以上に洗浄すると目的成分の損失減少をきたす。洗液には，ろ液と同じ物質が存在するので，最初の 1 回の洗液はろ液に加えてもよいが，全部の洗液を加えると液量が増加して目的成分の濃度が減少し，検出反応が不明確になることがあるから 2 回目以後の洗液は捨ててもよい。

(5) 沈殿の溶解と溶液の濃縮

沈殿の溶解は，原則としてろ過管中で行う。ろ過管を試験管または蒸発皿の中に置き，溶解させる試薬溶液を沈殿上に注いで溶解させる。一度で全部溶けないときは，ろ液を再び沈殿上に注ぐ，この操作を繰り返して沈殿を完全に溶解させる。ろ過管を入れた試験管をビーカー中の温湯に浸して加温すると速やかに沈殿が溶ける。沈殿が溶け終ったら加圧用ゴム球を用いて残液を押し出す。

溶液の蒸発濃縮には，湯浴，蒸気浴，赤外線ランプなどを用いるのが安全であるが，より高温が必要な場合には砂浴（サンドバス）やホットプレートなどが用いられる。簡便のため金網上，または金網上に置いた三角架上に蒸発皿を載せて加熱濃縮することもある。

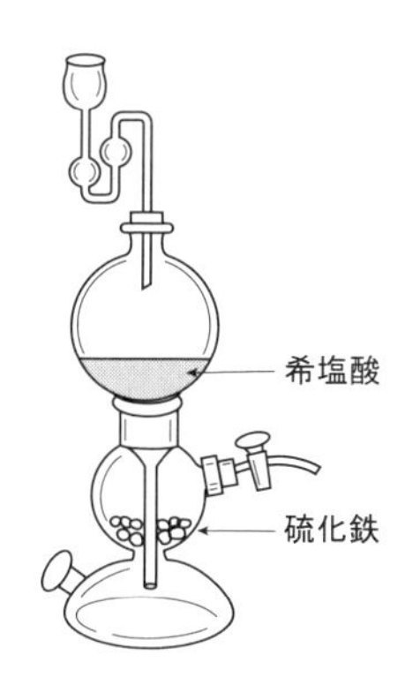

図 1-3　キップの装置

(6) 硫化水素

硫化水素は通風室ドラフト内で図 1-3 に示すキップの装置を用いて，硫化鉄(II) に 4 ～ 6 mol/L-HCl を作用させて発生させてもよい。

$$FeS + 2HCl \longrightarrow FeCl_2 + H_2S \uparrow$$

また，ボンベに入れて市販されている硫化水素を使用するのも簡便である。図 1-4 のような装置を組みたてる。ガラス斗ビンは塩酸, アンモニア水などを入れて市販されている空ビンである。ガラス斗ビンに水を入れ，二方コック，三方コックを開き，元栓を徐々に開く。斗ビンの中の水の状態を見ながら減圧弁を調節し，ガラス斗ビン中に硫化水素を導入して貯える。元栓，減圧弁，三方コック，二方コックを閉じる。硫化水素を使用するときは，ピンチコックの付いたゴム管の先に硫化水素導入ガラス管を差し込み，その先端を試験管中の試料溶液に入れる。二方コックと三方コックを開き，ピンチコックを徐々にゆるめて硫化水素を導入する。ピンチコックを急に開くと，硫化水素の流速が大きすぎて試料溶液が飛散したり，無益に硫化水素が流出するなどの不都合なことが起こる。使用後は，すべてのコックを閉ざす。硫化水素導入ガラス管は 1 回毎に洗浄し，試料溶液へ不必要な硫化物が混入することを避ける。

また，実験室で小規模に硫化水素を発生させる別法として二股試験管を用いる簡便な方法もある。

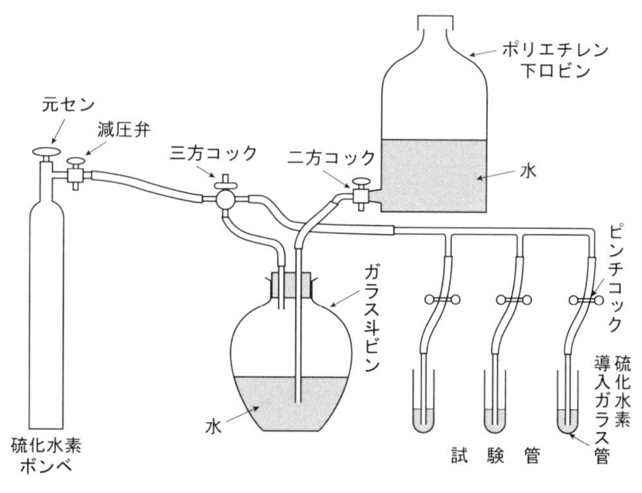

図 1-4　硫化水素使用法

§4　器　　具

図 1-5 にいくつかの器具を図示する。また。定性分析用器具を表示する。

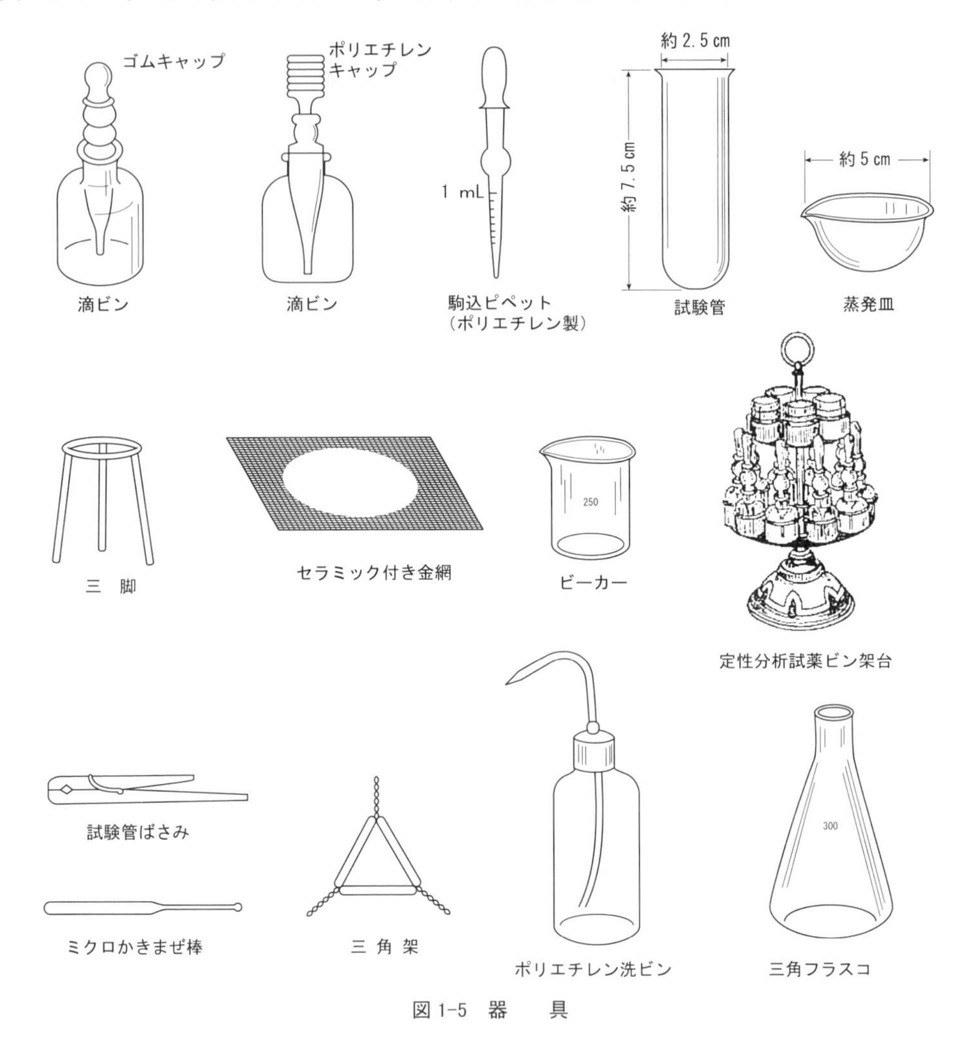

図 1-5　器　　具

器　　具	規　　格	器　　具	規　　格
ポリプロピレン製カゴ*4		ガ ラ ス 棒	直径 6 mm 長さ 20 cm
試　験　管	直径 12 mm	ビ ー カ ー	100 mL
試　験　管	直径 15 mm	三角フラスコ	100 mL
試 験 管 立		蒸　発　皿	直径 5 cm
試験管ブラシ		気体導入ガラス管	
試験管ばさみ*1		三　　　脚	
加圧用ゴム球		セラミックス付き金網	15 cm × 15 cm
ろ　過　管		バ ー ナ ー	
滴　ビ　ン		洗　ビ　ン	ポリエチレン製 250 mL
滴 ビ ン 架 台*3		針　　　金	
駒込ピペット*2	1 mL 目盛付	コバルトガラス	
駒込ピペット	約 1 mL 目盛なし	白　金　線	ガラス棒付
蒸　発　管		ミクロかきまぜ棒	

*1　試験管ばさみの代わりに，ゴム板を幅 1 cm，長さ 8 cm ぐらいに切ったもの，または針金を用いてもよい。

*2　ゴム製キャップは消耗しやすいのでポリエチレン製のスポイトを用いるのがよい。またポリエチレン製スポイトの脚部を切断してゴムキャップの代わりに用いると長持ちする。

*3　眼科用のものが便利である。

*4　長さ 25 cm，幅 20 cm，深さ 7 cm で，個人用の滴ビンや器具を整頓して入れておく。

§5 試　薬

(1) 使用頻度の大きい試薬

酸，塩基，分族試薬など使用頻度の高い試薬は滴ビンまたは試薬ビンに入れて，各人ごとに用意する。あるいは滴ビン架台にのせて数人で共用する。試薬は滴ビンに付いているスポイトか1 mLの駒込ピペットで取り出す。使用回数の多い試薬の種類と調製法を表1-2に示す。特記しない限り試薬一級品を用いる。

表1-2　使用回数の多い試薬とその調製法

試薬名	化学式	濃度	調整法
塩酸	HCl	6 mol/L	比重1.19の濃塩酸500 mLに水を加えて1 Lとする。
塩酸	HCl	1 mol/L	6 mol/L-HCl 167 mLに水を加えて1 Lとする。
硫酸	H_2SO_4	3 mol/L	比重1.84の濃硫酸168 mLを800 mLの水に徐々に加え，さらに水を加えて1 Lとする。
硝酸	HNO_3	6 mol/L	比重1.42の濃硝酸380 mLに水を加えて1 Lとする。
酢酸	CH_3COOH	6 mol/L	99.5%の氷酢酸350 mLに水を加えて1 Lとする。
アンモニア水	NH_3aq	6 mol/L	比重0.90の濃アンモニア水400 mLに水を加えて1 Lとする。
水酸化ナトリウム	$NaOH$	6 mol/L	NaOH 240 gを水に溶かして1 Lとする。
ポリ硫化ナトリウム	Na_2S_x		NaOH 30 g＋硫化ナトリウム$Na_2S\cdot 9H_2O$ 10 g＋硫黄華0.1 gに水を加えて250 mLとする。
塩化アンモニウム	NH_4Cl	5.5 mol/L	NH_4Cl 294 gを水に溶かして1 Lとする。
炭酸アンモニウム	$(NH_4)_2CO_3$	2 mol/L	$(NH_4)_2CO_3\cdot H_2O$ 228 gを6 mol/L-NH_3水に溶かして1 Lとする。

(2) 一般試薬

一般試薬は数人の共用とし，必要に応じて滴ビンに入れ，架台にのせて所定の位置に準備する。これらの試薬は特定のピペットを用いて分取し，混用しないようにする。また，試薬ビンの栓をとりちがえないよう注意する。

表1-3　一般試薬とその調製法

試薬名	化学式	濃度	調整法
クロム酸カリウム	K_2CrO_4	0.5 mol/L	K_2CrO_4 97 gを水に溶かして1 Lとする。
酢酸アンモニウム	CH_3COONH_4	1 mol/L	CH_3COONH_4 77 gを水に溶かして1 Lとする。
シアン化カリウム	KCN	1 mol/L	KCN 6.5 gを水に溶かして100 mLとする。使用のたびに新しく調整する。
ヘキサシアノ鉄(II)酸カリウム(フェロシアン化カリウム)	$K_4[Fe(CN)_6]$	0.025 mol/L	$K_4[Fe(CN)_6]\cdot 3H_2O$ 10.5 gを水に溶かして1 Lとする。使用時に調製する。
チオシアン酸アンモニウム	NH_4SCN	0.1 mol/L	NH_4SCN 7.6 gを水に溶かして1 Lとする。
アルミノン	$C_{22}H_{23}N_3O_9$	0.2 %	アルミノン2 gを水に溶かして1 Lとする。褐色ビンに貯える。
過酸化水素水	H_2O_2	3 %	市販オキシフルをそのまま使用する。
ジメチルグリオキシム	$C_4H_8N_2O_2$	1 %	ジメチルグリオキシム10 gを95%エタノールに溶かして1 Lとする。
次亜塩素酸ナトリウム	$NaClO$	5 %	5%の市販品をそのまま使用する。
ジエチルアニリン	$C_6H_5N(C_2H_5)_2$	0.5 %	ジエチルアニリン5 gを50%のリン酸に溶かして1 Lとする。
ヘキサシアノ鉄(III)酸カリウム(フェリシアン化カリウム)	$K_3[Fe(CN)_6]$	0.03 mol/L	$K_3[Fe(CN)_6]$ 11 gを水に溶かして1 Lとする。褐色ビンに貯える。使用時に調製する。
シュウ酸アンモニウム	$(NH_4)_2C_2O_4$	0.05 mol/L	$(NH_4)_2C_2O_4\cdot H_2O$ 7.1 gを水に溶かして1 Lとする。
硫酸アンモニウム	$(NH_4)_2SO_4$	0.5 mol/L	$(NH_4)_2SO_4$ 66 gを水に溶かして1 Lとする。
酢酸鉛(II)	$Pb(CH_3COO)_2$	0.1 mol/L	$Pb(CH_3COO)_2\cdot 3H_2O$ 37.9 gを水に溶かして1 Lとする。
ヘキサニトロコバルト(III)酸ナトリウム(亜硝酸コバルトナトリウム)	$Na_3[Co(NO_2)_6]$	0.1 mol/L	$Na_3[Co(NO_2)_6]\cdot 0.5H_2O$ 4.1 gを水に溶かして100 mLとし，褐色ビンに貯える。

試 薬 名	化 学 式	濃 度	調 整 法
ヘキサヒドロオクソアンチモン(V)酸カリウム(ピロアンチモン酸水素カリウム，アンチモン酸カリウムともいう)	$K[Sb(OH)_6]$	0.1 mol/L	$K[Sb(OH)_6]$ 2.63 g に水 100 mL を加えて煮沸溶解し，冷却後 3 mol/L-KOH 10 mL を加える。
ネスラー試薬			HgI_2 11.5 g と KI 8 g を水 50 mL に溶かし，6 mol/L-NaOH 50 mL を加え，褐色ビンに貯える。市販品でもよい。
塩化スズ(II)	$SnCl_2$	0.5 mol/L	$SnCl_2\cdot 2H_2O$ 113 g を濃塩酸 200 mL に溶かし，水を加えて 1 L とし，粒状スズを 3 個加えておく。白濁が生じたらろ過してろ液を用いる。
エタノール	C_2H_5OH	95 %	市販品をそのまま使用する。

(3) 試料溶液

定性分析の試料原液の種類と調製法とを表 1-4 に示す。

各個イオンの反応に用いるときは，多くの場合体積で試料原液 1 に対して 9，Hg^{2+} と Al^{3+} では 4 の割合で水を加えて希釈し，目的成分の濃度約 10 mg/mL の溶液にして使用する。2 種以上のイオンを検出するための混合試料溶液は試料原液を混合して調製する。特別のもの以外の試料溶液は滴ビンまたはポリエチレン製試薬ビンに入れて所定の場所に置いておく。

表 1-4 陽イオン定性分析用試料原液

族	イオン	試 薬	使用する化合物の化学式	式量	溶解量 g/L	濃度 (mol/L)	イオン濃 度 (mg/mL)	備 考
I	Ag^+	硝酸銀	$AgNO_3$	170	170	1.00	108	褐色ビンに貯える。
I	Hg_2^{2+}	硝酸水銀(I)	$Hg_2(NO_3)_2\cdot 2H_2O$	561	281	0.50	100	0.6 mol/L-HNO_3 に溶かす。
I	Pb^{2+}	硝酸鉛(II)	$Pb(NO_3)_2$	331	166	0.50	104	
II	Hg^{2+}	塩化水銀(II)	$HgCl_2$	271	68	0.25	50.1	
II	Cu^{2+}	硝酸銅(II)	$Cu(NO_3)_2\cdot 3H_2O$	242	380	1.57	99.7	
II	Cd^{2+}	硝酸カドミウム	$Cd(NO_3)_2\cdot 4H_2O$	308	275	0.89	100	
II	Sn^{4+}	塩化スズ(IV)	$SnCl_4\cdot 3H_2O$	314	270	0.86	102	0.6 mol/L-HCl に溶かす。
III	Al^{3+}	硝酸アルミニウム	$Al(NO_3)_3\cdot 9H_2O$	375	375	1.00	27.0	
III	Cr^{3+}	硝酸クロム(III)	$Cr(NO_3)_3\cdot 9H_2O$	400	400	1.00	52.0	
III	Fe^{2+}	塩化鉄(II)	$FeCl_2$	127	127	1.00	55.8	0.6 mol/L-HCl に溶かし，釘を入れておく。
III	Fe^{3+}	硝酸鉄(III)	$Fe(NO_3)_3\cdot 9H_2O$	404	404	1.00	55.8	
IV	Zn^{2+}	硝酸亜鉛	$Zn(NO_3)_2\cdot 6H_2O$	297	297	1.00	65.4	
IV	Ni^{2+}	硝酸ニッケル(II)	$Ni(NO_3)_2\cdot 6H_2O$	291	291	1.00	58.7	
V	Ca^{2+}	硝酸カルシウム	$Ca(NO_3)_2\cdot 4H_2O$	236	590	2.50	100	
V	Ba^{2+}	塩化バリウム	$BaCl_2\cdot 2H_2O$	244	180	0.74	101	
V	Sr^{2+}	硝酸ストロンチウム	$Sr(NO_3)_2$	212	240	1.13	98.9	
VI	Na^+	硝酸ナトリウム	$NaNO_3$	85	370	4.35	100	
VI	K^+	硝酸カリウム	KNO_3	101	260	2.57	100	
VI	NH_4^+	硝酸アンモニウム	NH_4NO_3	80	444	5.55	100	
VI	Mg^{2+}	硝酸マグネシウム	$Mg(NO_3)_2\cdot 6H_2O$	256	530	2.07	50.3	

1.9 の系統分析用試料溶液中の第 3 族と第 4 族イオン，特に Zn^{2+} 濃度は硫化物の溶解度を考慮して他のイオン濃度より希薄にする。第 4 族イオン濃度が高いと，第 2 族の分族操作でこれらのイオン特に Zn^{2+} の一部が沈殿する。

1.2　陽イオンの定性分析

時間数の制限から，18 種の金属イオンと NH_4^+ を取上げ、陽イオンの分離検出法の基礎的考え方を理解し，実験操作を習得することを本実験の主眼とする。

§1　陽イオンの分族

多数の陽イオンを含む溶液に適当な試薬を加えると，性質の類似した何種類かのイオンが同時に沈殿する。この性質を利用して 5 ～ 6 種の族と呼ばれる小群に分けることができる。これを陽イオンの分族といい，これに用いられる試薬を分族試薬という。

各族に含まれるイオンは適当な沈殿試薬によって個々のイオンに分離され，それぞれの特性反応で検出確認される。

本書では，表 1-5 のように 6 つの族に分族する方法について述べる。

表 1-5　陽イオンの分族

族	分族試薬	沈殿形	陽イオン
I	NH_4Cl または HCl	塩化物	Ag^+，Hg_2^{2+}，Pb^{2+}
II	H_2S（0.3 mol/L-HCl 酸性）	硫化物	〔A〕Cu^{2+}，Cd^{2+}，Pb^{2+}，Bi^{3+} 〔B〕Hg^{2+}，Sn^{4+}，As^{3+}，Sb^{3+}
III	NH_4Cl ＋ NH_3 水	水酸化物	Al^{3+}，Cr^{3+}，Fe^{3+}
IV	H_2S（NH_3 水 アルカリ性）	硫化物	Ni^{2+}，Zn^{2+}，Co^{2+}，Mn^{2+}
V	$(NH_4)_2CO_3$（NH_3 水 アルカリ性）	炭酸塩	Ba^{2+}，Ca^{2+}，Sr^{2+}
VI			Na^+，K^+，NH_4^+，Mg^{2+}

＊本書では，Bi，As，Sb，Mn，Co，Mg の反応については省略する。

§2　試料溶液の使用量と添加試薬量

1.1 §5（3）に述べたようにして調製したイオン濃度約 10 mg/mL の試料溶液を駒込ピペットまたは滴ビンのスポイトを用い，0.5 ～ 0.6 mL を分取して用いる。滴ビンのスポイトからの 1 滴は約 0.05 mL である。

何種類かのイオンを含む混合試料溶液の場合は指定された量を用いる。

目的の陽イオンと反応を起こさせるために加える試薬は 1 滴添加して溶液を観察し，次の 1 滴を加える。予期する反応が認められたらそれ以上加えないようにする。多くの場合 1 ～ 2 滴で十分である。特記するとき以外は 10 滴以上加えない。

次頁以下の定性分析において“試料溶液に○○○○を加える……”と記してあるときは試料溶液約 0.5 mL（10 滴）を試験管に分取し，○○○○を加える……”と操作する。

1.3 第1族陽イオンの分析

§1 共通反応

(1) 塩化物イオン

試料溶液〔約 0.5 mL (10 滴)〕に 1 滴の 5.5 mol/L-NH_4Cl 溶液または 6 mol/L-HCl を加えると，それぞれのイオンの白色の塩化物が沈殿する。

$$Ag^+ + Cl^- \longrightarrow AgCl\downarrow \text{（白色）}$$
$$Hg_2^{2+} + 2Cl^- \longrightarrow Hg_2Cl_2\downarrow \text{（白色）}$$
$$Pb^{2+} + 2Cl^- \longrightarrow PbCl_2\downarrow \text{（白色）}$$

AgCl，Hg_2Cl_2，$PbCl_2$ の沈殿は，§2 で使用するので捨てないでおく。塩酸を過剰に加えると，$[AgCl_2]^-$，$[PbCl_4]^{2-}$ などの錯イオンを作って溶解する。

(2) 硫化水素

試料溶液に同量の水を加えて H_2S を通じると，いずれも黒色の硫化物を沈殿する。

$$2Ag^+ + S^{2-} \longrightarrow Ag_2S\downarrow$$
$$Hg_2^{2+} + S^{2-} \longrightarrow Hg + HgS\downarrow$$
$$Pb^{2+} + S^{2-} \longrightarrow PbS\downarrow$$

§2 各イオンの反応

(1) 銀イオン Ag^+（無色）の反応

① 試料溶液に 6 mol/L-NaOH 溶液を 1 滴加えると，褐色の酸化銀が沈殿する。

$$2Ag^+ + 2OH^- \longrightarrow 2AgOH \longrightarrow Ag_2O\downarrow + H_2O$$

② §1 (1) で得た塩化銀を含む溶液の半分をとり 1 mL の水を加えて静置し，上澄み液を駒込ピペットで吸い上げて捨て，6 mol/L-NH_3 水を約 10 滴加えて振ると，塩化銀の沈殿は錯イオンになって溶ける。AgCl の沈殿が溶解したらそれ以上 NH_3 水を加えない。

$$AgCl + 2NH_3 \longrightarrow [Ag(NH_3)_2]^+ + Cl^-$$

この錯イオン溶液に 6 mol/L-HNO_3 溶液を滴下して酸性にすると，錯イオンが分解し，AgCl が再び沈殿する。

$$[Ag(NH_3)_2]^+ + Cl^- + 2H^+ \longrightarrow AgCl\downarrow + 2NH_4^+$$

③ 試料溶液に 0.5 mol/L-K_2CrO_4 溶液を 1 滴加えると，赤褐色のクロム酸銀が沈殿する。

$$2Ag^+ + CrO_4^{2-} \longrightarrow Ag_2CrO_4\downarrow$$

④ §1 (1) で得た白色の塩化銀を含む溶液の半分に日光を当てると沈殿が灰紫色になる。

(2) 水銀(I)イオン Hg_2^{2+}（無色）の反応

① §1 (1) で得た Hg_2Cl_2 を含む溶液に 6 mol/L-NH_3 水を1滴加えると，黒色の沈殿を生じる。これは黒色の金属水銀と白色の塩化水銀(II) アミドの沈殿との混合物である。

$$Hg_2Cl_2 + 2NH_3 \longrightarrow Hg\downarrow + Hg(NH_2)Cl\downarrow + NH_4^+ + Cl^-$$

② 試料溶液に 6 mol/L-NaOH を加えると，黒色の酸化水銀(I) Hg_2O を沈殿する。まず HgOH ができるが，室温で HgOH 2分子から水1分子がとれて酸化物に変化したのである。

③ 試料溶液に 0.5 mol/L-K_2CrO_4 溶液を加えると，褐色の酸化クロム酸水銀 (I) $Hg_2CrO_4 \cdot Hg_2O$ を沈殿する。

(3) 鉛イオン Pb^{2+}（無色）の反応

① §1 (1) で得た塩化鉛(II) の沈殿を含む溶液に 6 mol/L-NH_3 水数滴を加えても沈殿は溶解しない。AgCl の反応と比較する。

② 試料溶液に 0.5 mol/L-K_2CrO_4 溶液を1滴加えると，黄色のクロム酸鉛を沈殿する。

$$Pb^{2+} + CrO_4^{2-} \longrightarrow PbCrO_4\downarrow$$

③ 試料溶液に 3 mol/L-H_2SO_4 を1滴加えると，白色の硫酸鉛(II) を沈殿する。

$$Pb^{2+} + SO_4^{2-} \longrightarrow PbSO_4\downarrow$$

④ $PbCl_2$ の溶解度は 20℃では 0.971 (g/100 gH_2O)，100℃では 3.10 (g/100 gH_2O) であり，冷水にはやや難溶であるが熱湯にはかなり溶ける。

⑤ 試料溶液数滴を水 0.5 mL に加え，6 mol/L-NaOH 溶液を少量加えると，白色の水酸化鉛を沈殿する。さらに過剰に 6 mol/L-NaOH 溶液を加えると，沈殿は錯イオンとなって徐々に溶ける。

$$Pb^{2+} + 2OH^- \longrightarrow Pb(OH)_2\downarrow$$
$$Pb(OH)_2 + 2OH^- \longrightarrow [Pb(OH)_4]^{2-} + H_2O$$

⑥ 試料溶液数滴を水 0.5 mL に加え，6 mol/L-NH_3 水を1滴加えると，白色の水酸化鉛を沈殿する。アンモニア水を過剰に加えても沈殿は溶解しない (AgCl との相違)。

§3 第1族イオンの分離と検出

表1-4に示した試料原液を等量ずつ混合する。この混合溶液に体積約1/10の6 mol/L-HNO_3を加え，硝酸酸性にして分析試料溶液とする。表1-6により分析する。

系統分析を行うときは，第1～6族の各族イオンを含むものと考えるのがよい。

表1-6 第1族イオンの分析法

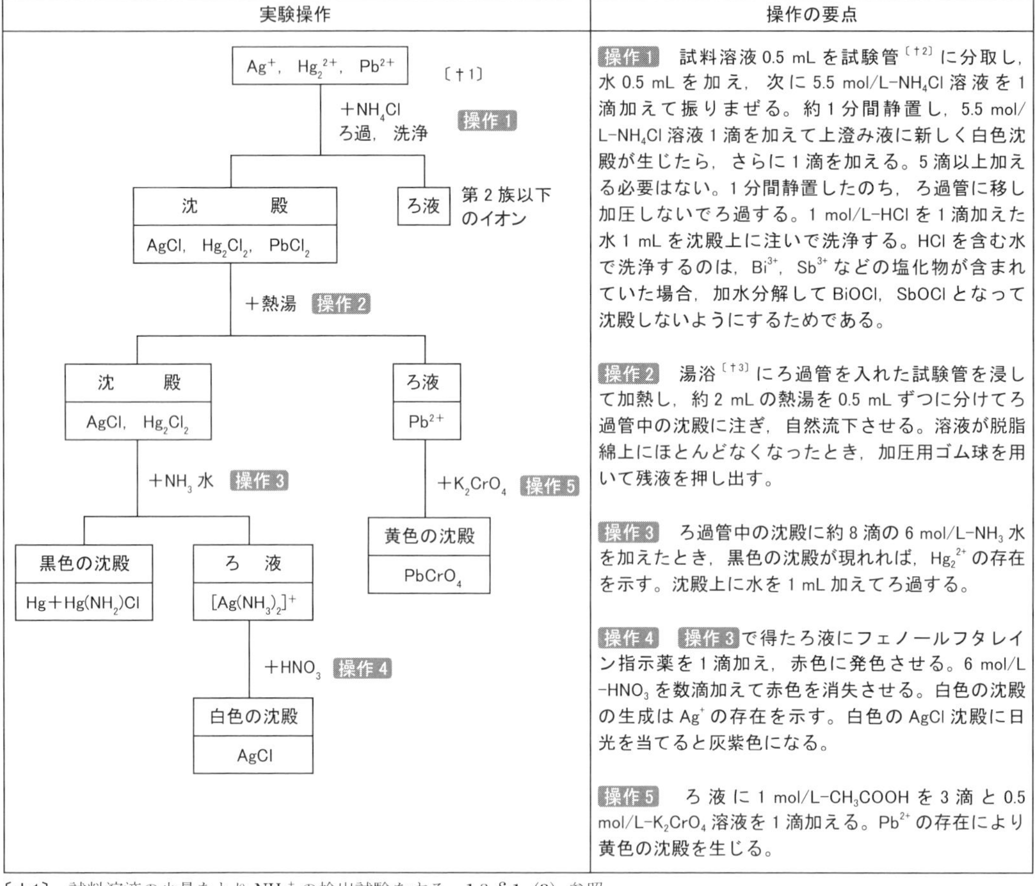

操作1 試料溶液0.5 mLを試験管〔†2〕に分取し，水0.5 mLを加え，次に5.5 mol/L-NH_4Cl溶液を1滴加えて振りまぜる。約1分間静置し，5.5 mol/L-NH_4Cl溶液1滴を加えて上澄み液に新しく白色沈殿が生じたら，さらに1滴を加える。5滴以上加える必要はない。1分間静置したのち，ろ過管に移し加圧しないでろ過する。1 mol/L-HClを1滴加えた水1 mLを沈殿上に注いで洗浄する。HClを含む水で洗浄するのは，Bi^{3+}，Sb^{3+}などの塩化物が含まれていた場合，加水分解して$BiOCl$，$SbOCl$となって沈殿しないようにするためである。

操作2 湯浴〔†3〕にろ過管を入れた試験管を浸して加熱し，約2 mLの熱湯を0.5 mLずつに分けてろ過管中の沈殿に注ぎ，自然流下させる。溶液が脱脂綿上にほとんどなくなったとき，加圧用ゴム球を用いて残液を押し出す。

操作3 ろ過管中の沈殿に約8滴の6 mol/L-NH_3水を加えたとき，黒色の沈殿が現れれば，Hg_2^{2+}の存在を示す。沈殿上に水を1 mL加えてろ過する。

操作4 **操作3**で得たろ液にフェノールフタレイン指示薬を1滴加え，赤色に発色させる。6 mol/L-HNO_3を数滴加えて赤色を消失させる。白色の沈殿の生成はAg^+の存在を示す。白色の$AgCl$沈殿に日光を当てると灰紫色になる。

操作5 ろ液に1 mol/L-CH_3COOHを3滴と0.5 mol/L-K_2CrO_4溶液を1滴加える。Pb^{2+}の存在により黄色の沈殿を生じる。

〔†1〕 試料溶液の少量をとりNH_4^+の検出試験をする。1.8 §1（3）参照。

〔†2〕 未知試料の分析をする前に，使用する試験管その他の器具を必ず洗浄する。

〔†3〕 本書の定性分析において，湯浴とは100 mLのビーカーに水を入れて金網上で加熱したものをいう。

1.4　第2族陽イオンの分析

§1　共通反応

(1) 硫化水素

各試料溶液を0.3 mol/L-HCl酸性溶液にして硫化水素を通じると，それぞれのイオンの硫化物を沈殿する。

各試料溶液0.7 mL（約14滴）をとり，1 mol/L-HClを0.3 mL（約6滴）加え，硫化水素を通じると沈殿を生じる。

A　類　$Cu^{2+} + S^{2-} \longrightarrow CuS\downarrow$（黒色）

$Pb^{2+} + S^{2-} \longrightarrow PbS\downarrow$（黒色）

$Cd^{2+} + S^{2-} \longrightarrow CdS\downarrow$（黄色）

B　類　$Hg^{2+} + S^{2-} \longrightarrow HgS\downarrow$（赤色）

$Sn^{4+} + 2S^{2-} \longrightarrow SnS_2\downarrow$（黄色）

これらの沈殿は（2）または§2の実験に用いる。

(2) 硝酸，ポリ硫化ナトリウム水溶液

（1）で得たA類の硫化物を含む溶液に1 mLの水を加え，煮沸したのち上澄み液を捨て，硫化物の沈殿を含む溶液の半分に6 mol/L-HNO_3を3～4滴加えて加熱すると，沈殿は溶解する。残り半分の液にポリ硫化ナトリウムを4～5滴加えても沈殿は溶けない。

B類の硫化物にポリ硫化ナトリウムを作用させると，それぞれチオ錯イオン$[HgS_2]^{2-}$，$[SnS_3]^{2-}$を作って溶ける。これらのチオ錯イオン溶液に6 mol/L-HClを加えて酸性にすると，対応する金属イオンの硫化物が沈殿する。

§2　各イオンの反応

(1) 銅イオンCu^{2+}（青緑色）の反応

① 試料溶液に6 mol/L-NH_3水を1滴加えると，青白色の水酸化銅(II)が沈殿する。さらに2～3滴加えると，テトラアンミン銅(II)イオンを作って溶解し，濃青色の溶液になる。

$$Cu^{2+} + 2OH^- \longrightarrow Cu(OH)_2\downarrow$$

$$Cu(OH)_2 + 4NH_3 \longrightarrow [Cu(NH_3)_4]^{2+} + 2OH^-$$

② 試料溶液に6 mol/L-CH_3COOH 3滴を加えて酸性にし，0.025 mol/L-ヘキサシアノ鉄(II)酸カリウム（$K_4[Fe(CN)_6]$）溶液を1～2滴加えると，赤褐色のヘキサシアノ鉄(II)酸銅が沈殿する。

$$2Cu^{2+} + [Fe(CN)_6]^{4-} \longrightarrow Cu_2[Fe(CN)_6]\downarrow$$

③ 試料溶液に6 mol/L-NaOHを加えると，青白色の水酸化銅(II)が沈殿する。

$$Cu^{2+} + 2OH^- \longrightarrow Cu(OH)_2\downarrow$$

この溶液を煮沸すると，$Cu(OH)_2$から水1分子がとれて，黒褐色の酸化銅(II)CuOに変わる。

(2) カドミウムイオン Cd^{2+}（無色）の反応

① 試料溶液に 6 mol/L-NH_3 水を 1 〜 2 滴加えると，白色の水酸化カドミウムを沈殿する。過剰に加えるとテトラアンミンカドミウム (II) 錯イオンとなって溶解する。

$$Cd^{2+} + 2OH^- \longrightarrow Cd(OH)_2\downarrow$$

$$Cd(OH)_2 + 4NH_3 \longrightarrow [Cd(NH_3)_4]^{2+} + 2OH^-$$

② ①で溶液に 1 mol/L-KCN を 1 〜 2 滴加えると，シアン化カドミウム錯塩を生じる。$[Cd(CN)_4]^{2-}$ は不安定な錯イオンであるから，H_2S を通じると，この錯イオンが分解し，黄色の硫化カドミウムを沈殿する。

$$[Cd(NH_3)_4]^{2+} + 4CN^- \longrightarrow [Cd(CN)_4]^{2-} + 4NH_3$$

$$[Cd(CN)_4]^{2-} + H_2S \longrightarrow CdS\downarrow + 2CN^- + 2HCN$$

③ 試料溶液に 6 mol/L-CH_3COOH を 2 滴加えて酸性にし，0.025 mol/L-ヘキサシアノ鉄 (II) 酸カリウム（$K_4[Fe(CN)_6]$）溶液を 2 〜 3 滴加えると，白色のヘキサシアノ鉄 (II) 酸カドミウムを沈殿する。

$$2Cd^{2+} + K_4[Fe(CN)_6] \longrightarrow Cd_2[Fe(CN)_6]\downarrow + 4K^+$$

(3) 水銀(II) イオン Hg^{2+}（無色）の反応

① §1 (1) B 類で得た HgS を含む溶液に水 1 mL を加えて煮沸したのち冷却すると，沈殿が沈む。上澄み液を駒込ピペットで吸い上げて捨てる。ポリ硫化ナトリウム溶液 0.5 mL（約 10 滴）を加え，湯浴中で加熱すると，ポリ硫化水銀の錯体となって，HgS の沈殿が溶ける（A 類との相異）。

② 試料溶液に 0.5 mol/L-$SnCl_2$ 溶液を 1 〜 3 滴加えると，水銀 (II) が還元されて白色の塩化水銀 (I) の沈殿を生じる。

$$2Hg^{2+} + Sn^{2+} + 2Cl^- \longrightarrow Hg_2Cl_2\downarrow + Sn^{4+}$$

時間がたつにつれて，さらに Hg_2Cl_2 が還元されて灰黒色の金属水銀を生じる。

$$Hg_2Cl_2 + Sn^{2+} \longrightarrow 2Hg\downarrow + Sn^{4+} + 2Cl^-$$

(4) スズ(IV) イオン Sn^{4+}（無色）の反応

① §1 (1) B 類で得た SnS_2 を含む溶液に水 1 mL を加えて煮沸したのち冷却すると，沈殿が沈む。上澄み液を駒込ピペットで吸い上げて捨てる。ポリ硫化ナトリウム溶液 0.5 mL を加えて加熱すると，SnS_2 の沈殿が溶解する (A 類との相異)。

$$SnS_2 + S_x^{2-} \longrightarrow [SnS_3]^{2-} + (x-1)S$$

② 試料溶液に 6 mol/L-NH_3 水を 1 〜 2 滴加えると，白色ゲル状の水酸化スズ (IV) を沈殿する。

$$Sn^{4+} + 4OH^- \longrightarrow Sn(OH)_4\downarrow$$

アンモニア水を過剰に加えても沈殿はほとんど溶けない。

③ 試料溶液に 6 mol/L-NaOH 溶液を少量加えると，アンモニア水を加えた場合と同様に白色の水酸化スズ (IV) を沈殿するが，さらに過剰に水酸化ナトリウムを加えると。沈殿が溶ける。

$$Sn(OH)_4 + 2OH^- \rightleftarrows [Sn(OH)_6]^{2-}$$

B 類については以下省略する。

§3　第2族A類イオンの分離と検出

表1-4の試料原液を等量ずつ混合した溶液を試料溶液とする。試料溶液0.5 mLを分取し，水を1 mL加え，表1-7により分析する。第1族のろ液を用いる場合は〔†1〕を読む。

表1-7　第2族A類イオンの分析法

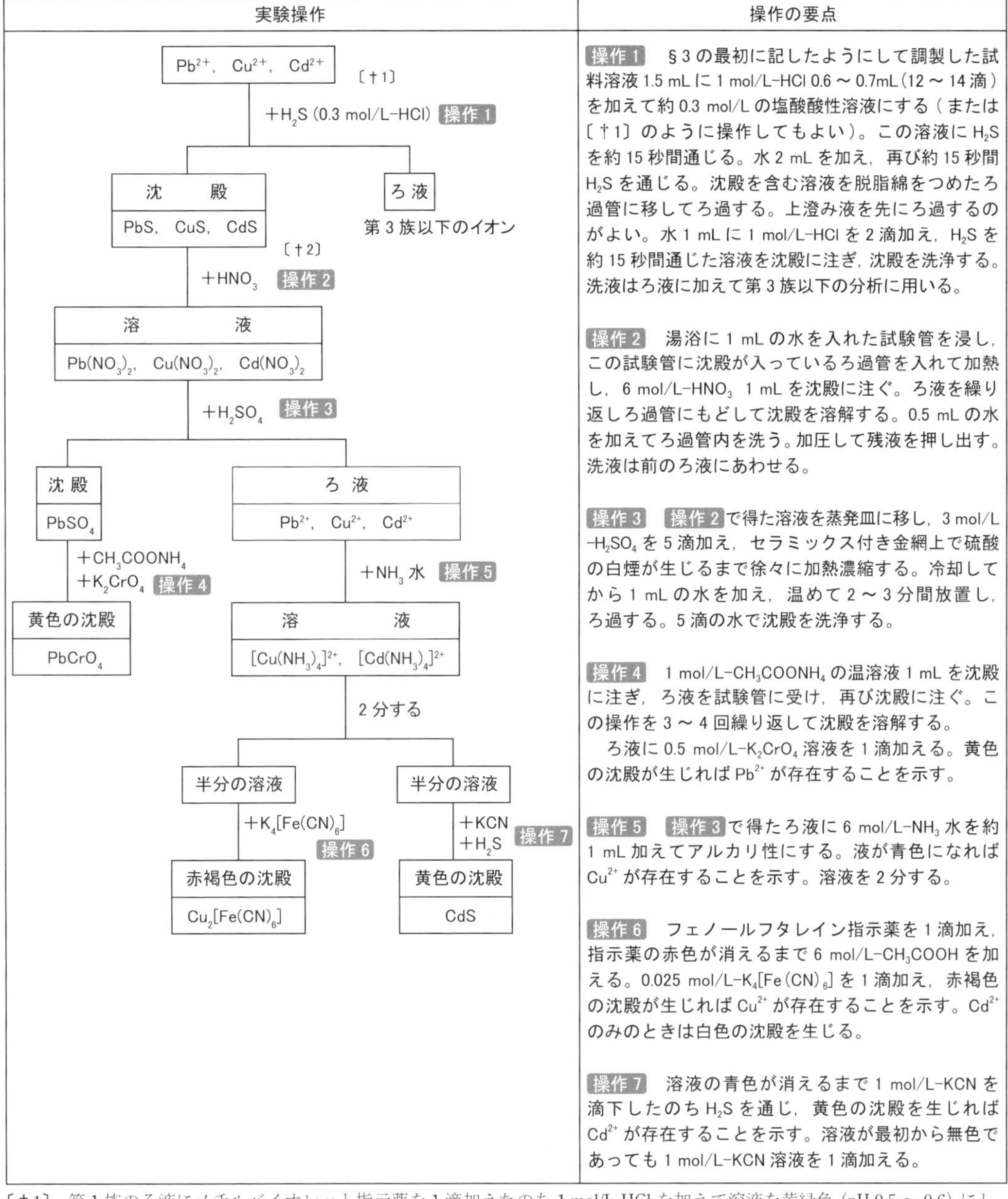

操作1　§3の最初に記したようにして調製した試料溶液1.5 mLに1 mol/L-HCl 0.6～0.7mL（12～14滴）を加えて約0.3 mol/Lの塩酸酸性溶液にする（または〔†1〕のように操作してもよい）。この溶液にH_2Sを約15秒間通じる。水2 mLを加え，再び約15秒間H_2Sを通じる。沈殿を含む溶液を脱脂綿をつめたろ過管に移してろ過する。上澄み液を先にろ過するのがよい。水1 mLに1 mol/L-HClを2滴加え，H_2Sを約15秒間通じた溶液を沈殿に注ぎ，沈殿を洗浄する。洗液はろ液に加えて第3族以下の分析に用いる。

操作2　湯浴に1 mLの水を入れた試験管を浸し，この試験管に沈殿が入っているろ過管を入れて加熱し，6 mol/L-HNO_3 1 mLを沈殿に注ぐ。ろ液を繰り返しろ過管にもどして沈殿を溶解する。0.5 mLの水を加えてろ過管内を洗う。加圧して残液を押し出す。洗液は前のろ液にあわせる。

操作3　**操作2**で得た溶液を蒸発皿に移し，3 mol/L-H_2SO_4を5滴加え，セラミックス付き金網上で硫酸の白煙が生じるまで徐々に加熱濃縮する。冷却してから1 mLの水を加え，温めて2～3分間放置し，ろ過する。5滴の水で沈殿を洗浄する。

操作4　1 mol/L-CH_3COONH_4の温溶液1 mLを沈殿に注ぎ，ろ液を試験管に受け，再び沈殿に注ぐ。この操作を3～4回繰り返して沈殿を溶解する。

ろ液に0.5 mol/L-K_2CrO_4溶液を1滴加える。黄色の沈殿が生じればPb^{2+}が存在することを示す。

操作5　**操作3**で得たろ液に6 mol/L-NH_3水を約1 mL加えてアルカリ性にする。液が青色になればCu^{2+}が存在することを示す。溶液を2分する。

操作6　フェノールフタレイン指示薬を1滴加え，指示薬の赤色が消えるまで6 mol/L-CH_3COOHを加える。0.025 mol/L-$K_4[Fe(CN)_6]$を1滴加え，赤褐色の沈殿が生じればCu^{2+}が存在することを示す。Cd^{2+}のみのときは白色の沈殿を生じる。

操作7　溶液の青色が消えるまで1 mol/L-KCNを滴下したのちH_2Sを通じ，黄色の沈殿を生じればCd^{2+}が存在することを示す。溶液が最初から無色であっても1 mol/L-KCN溶液を1滴加える。

〔†1〕 第1族のろ液にメチルバイオレット指示薬を1滴加えたのち1 mol/L-HClを加えて溶液を黄緑色（pH 0.5～0.6）にし，溶液を約0.3 mol/L-HCl酸性溶液にする。

鉛イオンは第1族で取り扱ったのであるが，$PbCl_2$の水に対する溶解度が第1族の他の塩化物より大きいので，Pb^{2+}が存在すると，Pb^{2+}は第2族にも入ってくる。

〔†2〕 B類イオンを含むと思われる場合は，Na_2S_xの温溶液1.5 mLを沈殿に注ぎ，自然流下させB類の硫化物を溶解する。ろ液を5回繰り返し沈殿上にもどす。5.5 mol/L-NH_4Cl溶液を1滴加え，H_2Sを通じた水1 mLで洗浄し，洗液は捨てる。

1.5　第3族陽イオンの分析

§1　共通反応

(1) アンモニア水

試料溶液に 5.5 mol/L-NH_4Cl 溶液を 1 滴と 6 mol/L-NH_3 水を 1 滴加えると，それぞれのイオンの水酸化物が沈殿する。

$$Fe^{3+} + 3OH^- \longrightarrow Fe(OH)_3\downarrow$$ （赤褐色）

$$Al^{3+} + 3OH^- \longrightarrow Al(OH)_3\downarrow$$ （白色）

$$Cr^{3+} + 3OH^- \longrightarrow Cr(OH)_3\downarrow$$ （灰緑色）

これらの水酸化物を含む溶液を二分し，一方に 6 mol/L-NH_3 水 5 滴を加えても沈殿が溶けないが，残り半分の溶液に 6 mol/L-HNO_3 または 6 mol/L-HCl 数滴を加えると，沈殿が溶解する。

§2　各イオンの反応

(1) 鉄イオン Fe^{3+}（淡黄褐色）の反応

① 試料溶液に 6 mol/L-NH_3 水を 1 滴加えてアルカリ性にし，H_2S を通じると，黒色の硫化鉄 FeS を沈殿する。Fe^{3+} は硫化水素によって還元されて Fe^{2+} になる（ただし，$2Fe^{3+} + 3S^{2-} \longrightarrow Fe_2S_3$ の反応も起こる。）。

$$2Fe^{3+} + 3S^{2-} \longrightarrow 2FeS + S$$

② 試料溶液に 6 mol/L-NaOH 溶液を 1 滴加えると，赤褐色の水酸化鉄(III) を沈殿する。

$$Fe^{3+} + 3OH^- \longrightarrow Fe(OH)_3\downarrow$$

さらに，6 mol/L-NaOH 溶液を 5 滴加えて NaOH を過剰に作用させても，沈殿は溶解しない（Al^{3+}，Cr^{3+} の場合と比較せよ）。

③ 試料溶液を 2 滴とり，水 1 mL を加え，次に 0.025 mol/L-ヘキサシアノ鉄 (II) 酸カリウム（$K_4[Fe(CN)_6]$）溶液を 1 滴加えると紺青色のプルシアン青（ベレンス青，紺青，ベルリン青ともいう）の沈殿を生じる。

$$4Fe^{3+} + 3[Fe(CN)_6]^{4-} \longrightarrow Fe_4[Fe(CN)_6]_3\downarrow$$

④ 試料溶液を 2 滴とり，水 1 mL を加え，0.1 mol/L-NH_4SCN 溶液を 1 滴加えると，チオシアン酸鉄(III) を作り血赤色に発色する。

$$Fe^{3+} + 3SCN^- \longrightarrow Fe(SCN)_3$$

⑤ 試料溶液に 6 mol/L-NH_3 水を加えると，赤褐色ゲル状の水酸化鉄(III) を沈殿する。

水酸化鉄(III)の沈殿を含む溶液に6 mol/L-HClを加えて酸性にすると，沈殿は溶解する（§1 (1) 参照）。

$$Fe(OH)_3 + 3HCl \longrightarrow Fe^{3+} + 3H_2O + 3Cl^-$$

(2) アルミニウムイオン Al^{3+}（無色）の反応

① 試料溶液を 1 mL とり，6 mol/L-NaOH 溶液を 1 滴加えると，白色ゲル状の水酸化アルミニウムを沈殿するが，さらに 5 滴加えて過剰の水酸化ナトリウムを作用させると，テトラヒ

ドロキソアルミン酸イオンとなって溶解する。

$$Al^{3+} + 3OH^- \longrightarrow Al(OH)_3 \downarrow$$

$$Al(OH)_3 + OH^- \longrightarrow [Al(OH)_4]^-$$

②　試料溶液を1滴とり，水1 mLと6 mol/L-CH_3COOH 1滴と0.2%のアルミノン溶液2滴と2 mol/L-$(NH_4)_2CO_3$ 溶液 2滴を加えると，桃赤色のレーキ〔注〕を作る。

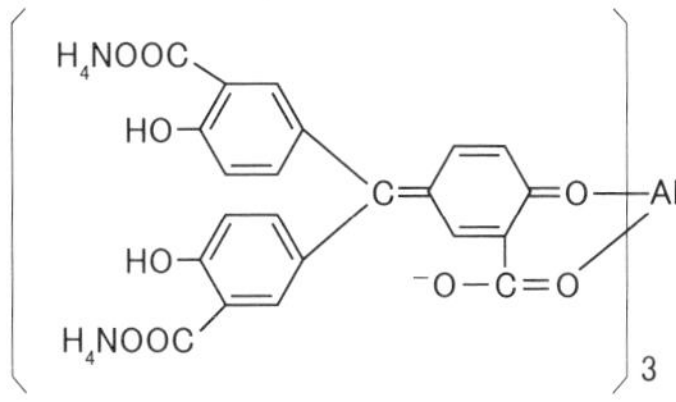

アルミニウム・アルミノンレーキ

〔注〕 レーキとは，有機色素と金属塩との反応で生じる水に不溶な有色の有機金属化合物である。

③　試料溶液に6 mol/L-NH_3 水を少量加えると，白色ゲル状の水酸化アルミニウムを沈殿する。さらに5滴のアンモニア水を加えて過剰のアンモニアを作用させても沈殿はわずかに溶解するのみである。

(3) クロムイオン Cr^{3+}（緑～紫色）の反応

①　試料溶液を1 mLとり，6 mol/L-NaOH溶液を1滴加えると，灰緑色の水酸化クロム(Ⅲ)を沈殿する。さらに1～2滴加えると，緑色のテトラヒドロキソクロム(Ⅲ)酸イオンをつくって溶解する。

$$Cr^{3+} + 3OH^- \longrightarrow Cr(OH)_3 \downarrow$$

$$Cr(OH)_3 + OH^- \longrightarrow [Cr(OH)_4]^-$$

②　①で得た緑色のテトラヒドロキソクロム(Ⅲ)酸イオン溶液に3%の過酸化水素水を1 mL加えて加熱すると，テトラヒドロキソクロム(Ⅲ)酸イオン $[Cr(OH)_4]^-$ は酸化されて黄色のクロム酸イオンになる。溶液が黄色に変色しない場合は，H_2O_2 が不足しているので，さらに，過酸化水素水を追加する。

$$2[Cr(OH)_4]^- + 2OH^- + 3H_2O_2 \longrightarrow 2CrO_4^{2-} + 8H_2O$$

③　②で得た溶液の半分にフェノールフタレイン指示薬を1滴加え指示薬の赤色が消えるまで6 mol/L-CH_3COOH を滴下し，さらに2滴加えて酸性にする。0.1 mol/L-$Pb(CH_3COO)_2$ 溶液を1滴加えると，黄色のクロム酸鉛を沈殿する。

$$CrO_4^{2-} + Pb^{2+} \longrightarrow PbCrO_4 \downarrow$$

④　②で得た溶液の半分にフェノールフタレイン指示薬を1滴加える。指示薬の赤色が消えるまで6 mol/L-CH_3COOH を滴下し，1 mol/L-$AgNO_3$ 溶液を1滴加えると，赤褐色のクロム酸銀を沈殿する。

$$CrO_4^{2-} + 2Ag^+ \longrightarrow Ag_2CrO_4 \downarrow$$

§3　第3族イオンの分離と検出

表1-4の試料原液を等量ずつ混合した溶液を試料溶液とする。直径15 mmの試験管に0.5 mLの試料溶液をとり，水1.5 mLを加えて表1-8により分析する。第2族のろ液を用いるときは〔†1〕を見る。

表 1-8 第 3 族イオンの分析法

実験操作

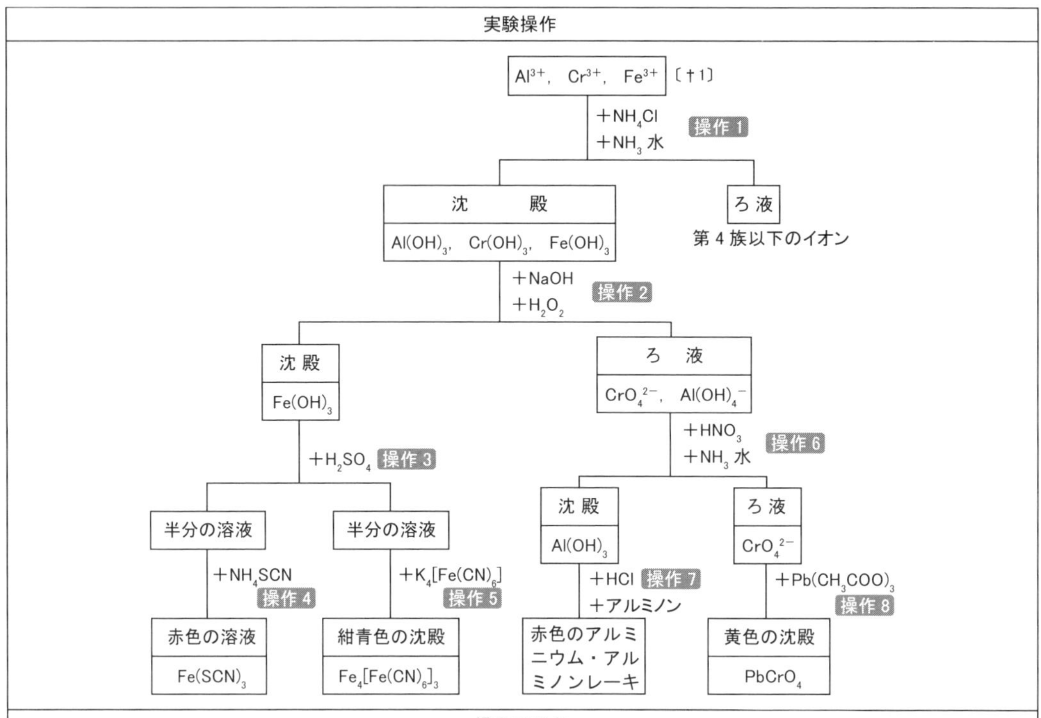

操作の要点

操作 1　5.5 mol/L-NH_4Cl 溶液 2 滴と 6 mol/L-NH_3 水 4 滴を加えて溶液をアルカリ性にする。アンモニア臭により溶液がアンモニアアルカリ性であることを確かめる。さらに 6 mol/L-NH_3 水を 2 滴加える。試験管を湯浴につけて 3 分間加熱し，比較的少量の脱脂綿を極くゆるくつめたろ過管でろ過する。第 3 族の水酸化物はろ過しにくいので気長にろ過し，なるべく加圧しないほうがよい。第 3 族イオンの水酸化物をろ過するあいだに，上澄み液が認められたら駒込ピペットで静かに吸い上げてろ液に加える。5.5 mol/L-NH_4Cl と 6 mol/L-NH_3 水とを 1 滴ずつ加えた 2 mL の水を 4 回に分けて沈殿に注いで洗浄し，洗液は捨ててもよい。

操作 2　水 1 mL を入れた試験管に沈殿が入っているろ過管を入れ，湯浴中で加熱し，6 mol/L-NaOH 溶液 8 滴と 3%の過酸化水素水 10 滴を沈殿に滴下する。ろ液を繰り返し 3 回沈殿に注ぐ。1 mL の水で沈殿を洗浄し，洗液はろ液にあわせる。

操作 3　水 1 mL を入れた試験管に沈殿が入っているろ過管を入れ，湯浴中で加熱し，沈殿上に 3 mol/L-H_2SO_4 を 8 滴加える。ろ液を 2 回沈殿上にもどす。3 mol/L-H_2SO_4 を 1 滴加えた水 1mL で洗浄し，洗液をろ液にあわせる。このろ液を 2 分する。

操作 4　操作 3 で得たろ液の半分に 0.1 mol/L-NH_4SCN 溶液を 1 滴加え，溶液が赤色になるのは Fe^{3+} が存在することを示す。赤色の沈殿が生じることもある。

操作 5　操作 3 で得たろ液の半分に 0.25 mol/L-$K_4[Fe(CN)_6]$ を 1 滴加え，Fe^{3+} が存在すれば紺青色の沈殿が生じる。

操作 6　操作 2 のろ液にフェノールフタレイン指示薬 1 滴を加え，その赤色が消えるまで 6 mol/L-HNO_3 を滴下する。次に，5.5 mol/L-NH_4Cl 溶液を 12 滴加えたのち 6 mol/L-NH_3 水をフェノールフタレインの赤色が現れるまで加え，さらに 2 滴加えると白色コロイド状の $Al(OH)_3$ の沈殿を生じる。沈殿を含む溶液が入っている試験管を湯浴中で 1 ～ 2 分間加熱したのちろ過する。5.5 mol/L-NH_4Cl 溶液　1 滴を加えた温水 2mL を沈殿に注いで洗浄し，洗液は捨てる。操作 6 で CrO_4^{2-} は変化せず溶液中に残る。

操作 7　操作 6 で白色コロイド状の沈殿が生じれば Al^{3+} の存在を推定してよいが，次の反応で確認する。操作 6 で得た沈殿に 6 mol/L-HCl 10 滴を加え，ろ液を 3 回繰り返し沈殿に注ぐ。ろ液に水 1 mL と 6 mol/L-NH_3 水 8 滴と 1 mol/L-CH_3COONH_4 溶液 3 滴とアルミノン溶液 2 滴とを加え，湯浴中で約 2 分間加熱し，2 mol/L-$(NH_4)_2CO_3$ 溶液 2 滴を加える。Al^{3+} が存在すれば§2（2）②と同じ桃赤色のレーキを作る（参考：Al^{3+} が存在しなくても CrO_4^{2-} が存在すると褐赤色の沈殿を生じ，Fe^{3+} が存在すると紫色に発色する）。

操作 8　操作 2 で得たろ液が黄色であれば CrO_4^{2-} の存在を推定してよいが，次の反応で確認する。操作 6 で得たろ液にフェノールフタレインの赤色が消えるまで 6 mol/L-CH_3COOH を滴下し，次に 0.1 mol/L-$Pb(CH_3COO)_2$ 溶液 1 滴を加える。CrO_4^{2-} が存在すれば黄色の沈殿を生じる。

〔†1〕 第 2 族のろ液を蒸発皿に入れ，H_2S 臭がなくなるまで加熱して H_2S を追い出す。0.1 mol/L-$Pb(CH_3COO)_2$ 溶液を 1 滴つけたろ紙を蒸発皿から生じる蒸気にあて，H_2S による着色が認められなくなるまで加熱すればさらに確実である。水の量を加減して液量を約 2 mL にする。溶液の 1 滴をとり，Fe^{2+} が検出されたときは，6 mol/L-HNO_3 を 5 滴加えて 2 分間煮沸して Fe^{2+} を Fe^{3+} に酸化する。

1.6　第4族陽イオンの分析

§1　共通反応

(1) 硫化水素

試料溶液に 6 mol/L-NH_3 水を3滴加えてアルカリ性にして硫化水素を通じると，それぞれのイオンの硫化物が沈殿する。

$$Ni^{2+} + S^{2-} \longrightarrow NiS\downarrow$$ （黒色の沈殿）

$$Zn^{2+} + S^{2-} \longrightarrow ZnS\downarrow$$ （白色の沈殿）

硫化物の沈殿は§2の実験に用いる。

硫化ニッケル，硫化コバルトは希塩酸には溶けないが，硫化亜鉛，硫化マンガンは希塩酸に溶ける。

(2) アンモニア水

試料溶液に1滴の 6 mol/L-NH_3 水を加えると，水酸化物を沈殿するが，過剰に（8滴以下）加えると，それぞれのイオンの錯イオンを作って溶ける。

$$Ni^{2+} + 2OH^- \longrightarrow Ni(OH)_2\downarrow$$ （緑色の沈殿）

$$Ni(OH)_2 + 6NH_3 \longrightarrow [Ni(NH_3)_6]^{2+} + 2OH^-$$

ヘキサアンミンニッケル(II)イオンは青色である。

$$Zn^{2+} + 2OH^- \longrightarrow Zn(OH)_2\downarrow$$ （白色ゲル状の沈殿）

$$Zn(OH)_2 + 4NH_3 \longrightarrow [Zn(NH_3)_4]^{2+} + 2OH^-$$

§2　各イオンの反応

(1) ニッケルイオン Ni^{2+}（緑色）の反応

① 試料溶液を2滴とり，水 1 mL を加え，6 mol/L-NH_3 水　1～2滴を加えてアルカリ性にし，1%ジメチルグリオキシム溶液3滴を加えると，紅色の錯化合物の沈殿を生じる。

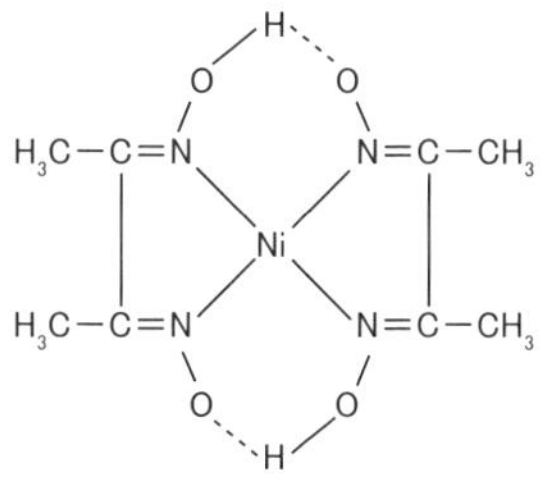

② §1 (1) で得た硫化ニッケル(II) の沈殿を含む溶液を静置し，上澄み液をピペットで吸い上げて捨て，5%次亜塩素酸ナトリウム溶液と 6 mol/L-HCl とを5滴ずつ加えると，硫化ニッケル(II) の沈殿が溶ける。

$$NiS + NaClO + H^+ \longrightarrow Ni^{2+} + Cl^- + S\downarrow + NaOH$$

③ 試料溶液に 6 mol/L-NaOH 溶液を 1 滴加えると，アンモニア水を加えたときと同様に緑色の水酸化ニッケル（II）を沈殿する。さらに 5 滴加えて過剰の水酸化ナトリウムを作用させても沈殿は溶解しない（アンモニア水との相異）。

(2) 亜鉛イオン Zn^{2+}（無色）の反応

① 試料溶液に 6 mol/L-NaOH 溶液 1 滴を加えると白色ゲル状の水酸化亜鉛（II）を沈殿する。しかし，過剰に水酸化ナトリウム溶液を加えると，テトラヒドロキソ亜鉛酸イオンを作って沈殿が溶解する。

$$Zn^{2+} + 2OH^- \longrightarrow Zn(OH)_2\downarrow$$

$$Zn(OH)_2 + 2OH^- \longrightarrow [Zn(OH)_4]^{2-}$$

② §1 (1) で得た硫化亜鉛の沈殿を含む溶液の上澄み液を捨て，6 mol/L-HCl を 3 ～ 4 滴加えて加熱すると，硫化亜鉛の沈殿が溶ける。

③ 試料溶液に 0.025 mol/L-$K_4[Fe(CN)_6]$ 溶液を 1 ～ 2 滴加えると，白色のヘキサシアノ鉄(II)酸亜鉛を沈殿する。

$$2Zn^{2+} + [Fe(CN)_6]^{4-} \longrightarrow Zn_2[Fe(CN)_6]\downarrow$$

過剰に $K_4[Fe(CN)_6]$ を作用させると，溶解度がより小さい白色のヘキサシアノ鉄(II)酸カリウム亜鉛 $Zn_3K_2[Fe(CN)_6]_2$ を生じる。

④ 試料溶液に 6 mol/L-HCl を 1 滴加えて酸性にし，0.5％のジエチルアニリン溶液と 0.03 mol/L-$K_3[Fe(CN)_6]$（ヘキサシアノ鉄(III)酸カリウム）溶液とを 1 滴ずつ加えると，赤褐色の沈殿を生じる。これは，亜鉛イオンの存在でヘキサシアノ鉄(III)酸カリウムがジエチルアニリンを酸化して赤色の色素を作り，ヘキサシアノ鉄(II)酸亜鉛の白色沈殿を染めるためである。

⑤ 試料溶液に 1 mol/L-CH_3COONH_4 溶液 1 滴を加えた溶液，または試料溶液に 1 mol/L-CH_3COONH_4 溶液 1 滴と 6 mol/L-CH_3COOH 1 滴を加えた溶液に硫化水素を通じると，白色の硫化亜鉛を沈殿する。Zn^{2+} はアルカリ性溶液ばかりではなく，中性，または弱酸性溶液においても硫化水素と反応して硫化亜鉛の沈殿を生じる。

§3　第 4 族イオンの分離と検出

表 1-4 の試料原液を等量ずつ混合した溶液を試料溶液とする。この試料溶液を 0.5 mL とり，1.5 mL の水を加えて表 1-9 により分析する。

表 1-9　第 4 族イオンの分析法

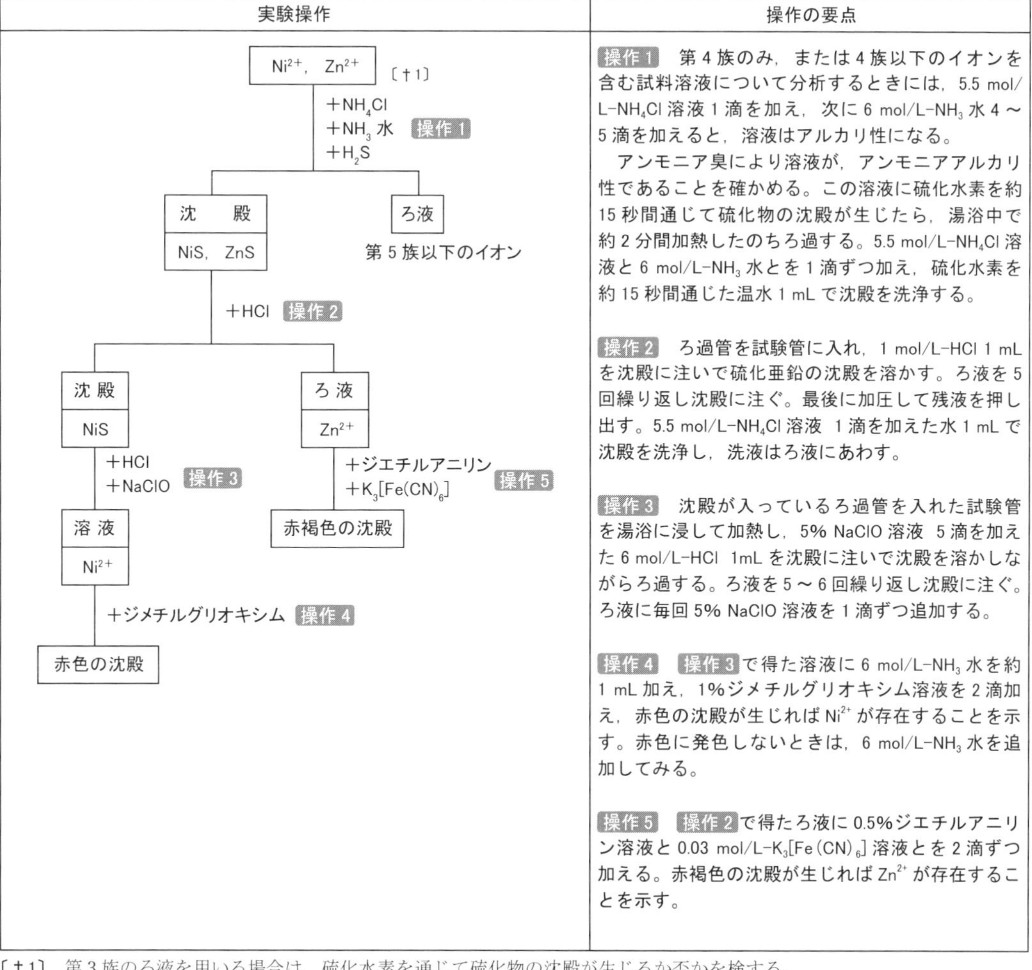

実験操作	操作の要点
Ni^{2+}, Zn^{2+}〔†1〕 ＋NH_4Cl ＋NH_3 水 操作 1 ＋H_2S → 沈殿 NiS, ZnS／ろ液 第 5 族以下のイオン 沈殿 ＋HCl 操作 2 → 沈殿 NiS／ろ液 Zn^{2+} 沈殿 NiS ＋HCl ＋NaClO 操作 3 → 溶液 Ni^{2+} 溶液 Ni^{2+} ＋ジメチルグリオキシム 操作 4 → 赤色の沈殿 ろ液 Zn^{2+} ＋ジエチルアニリン ＋$K_3[Fe(CN)_6]$ 操作 5 → 赤褐色の沈殿	操作 1　第 4 族のみ，または 4 族以下のイオンを含む試料溶液について分析するときには，5.5 mol/L-NH_4Cl 溶液 1 滴を加え，次に 6 mol/L-NH_3 水 4 ～ 5 滴を加えると，溶液はアルカリ性になる。 アンモニア臭により溶液が，アンモニアアルカリ性であることを確かめる。この溶液に硫化水素を約 15 秒間通じて硫化物の沈殿が生じたら，湯浴中で約 2 分間加熱したのちろ過する。5.5 mol/L-NH_4Cl 溶液と 6 mol/L-NH_3 水とを 1 滴ずつ加え，硫化水素を約 15 秒間通じた温水 1 mL で沈殿を洗浄する。 操作 2　ろ過管を試験管に入れ，1 mol/L-HCl 1 mL を沈殿に注いで硫化亜鉛の沈殿を溶かす。ろ液を 5 回繰り返し沈殿に注ぐ。最後に加圧して残液を押し出す。5.5 mol/L-NH_4Cl 溶液 1 滴を加えた水 1 mL で沈殿を洗浄し，洗液はろ液にあわす。 操作 3　沈殿が入っているろ過管を入れた試験管を湯浴に浸して加熱し，5% NaClO 溶液 5 滴を加えた 6 mol/L-HCl 1mL を沈殿に注いで沈殿を溶かしながらろ過する。ろ液を 5 ～ 6 回繰り返し沈殿に注ぐ。ろ液に毎回 5% NaClO 溶液を 1 滴ずつ追加する。 操作 4　操作 3 で得た溶液に 6 mol/L-NH_3 水を約 1 mL 加え，1%ジメチルグリオキシム溶液を 2 滴加え，赤色の沈殿が生じれば Ni^{2+} が存在することを示す。赤色に発色しないときは，6 mol/L-NH_3 水を追加してみる。 操作 5　操作 2 で得たろ液に 0.5%ジエチルアニリン溶液と 0.03 mol/L-$K_3[Fe(CN)_6]$ 溶液とを 2 滴ずつ加える。赤褐色の沈殿が生じれば Zn^{2+} が存在することを示す。

〔†1〕 第 3 族のろ液を用いる場合は，硫化水素を通じて硫化物の沈殿が生じるか否かを検する。

1.7 第5族陽イオンの分析

§1 共通反応

(1) 炭酸アンモニウム

試料溶液1 mLに6 mol/L-NH_3水を1滴加えてアルカリ性にし，5.5 mol/L-NH_4Cl溶液と2 mol/L-$(NH_4)_2CO_3$溶液とを2滴ずつ加えると，それぞれのイオンの炭酸塩を沈殿する。

$$Ba^{2+} + CO_3^{2-} \longrightarrow BaCO_3\downarrow$$ （白色の沈殿）

$$Ca^{2+} + CO_3^{2-} \longrightarrow CaCO_3\downarrow$$ （白色の沈殿）

$$Sr^{2+} + CO_3^{2-} \longrightarrow SrCO_3\downarrow$$ （白色の沈殿）

(2) 炎色反応

アルカリ金属やアルカリ土類金属の塩を炎の中に入れると，これらの金属原子の電子は高いエネルギー準位に励起される。励起された電子がエネルギー準位の低い状態に遷移するとき各元素固有の波長の光を発する。このため炎は各元素に特有な色を呈す。

白金線の先端をまるめて直径約2 mmの輪を作り，これを6 mol/L-HClに浸したのち水洗する。白金線の先端を酸化炎中に入れて加熱する。炎に色がついたら再び塩酸に浸し，炎の中に入れる。炎が着色しなくなるまでこの操作を繰り返す。各イオンの塩化物溶液に白金線の先端を浸し，酸化炎に入れて着色する炎の色を観察する。

白金線を還元炎に入れてはならない。また，白金線を折りまげたり，ガラスとの接続部付近を加熱したりしないようにする。

Ba^{2+}	黄緑色
Ca^{2+}	黄赤色
Sr^{2+}	深紅色

(3) シュウ酸アンモニウム

試料溶液に6 mol/L-NH_3水を1滴と0.05 mol/L-$(NH_4)_2C_2O_4$溶液を2～3滴加えると，それぞれのイオンのシュウ酸塩を沈殿する。沈殿はいずれも白色である。

$$Ba^{2+} + C_2O_4^{2-} \longrightarrow BaC_2O_4\downarrow$$

$$Ca^{2+} + C_2O_4^{2-} \longrightarrow CaC_2O_4\downarrow$$

$$Sr^{2+} + C_2O_4^{2-} \longrightarrow SrC_2O_4\downarrow$$

§2 各イオンの反応

(1) バリウムイオンBa^{2+}（無色）の反応

① 試料溶液に6 mol/L-CH_3COOHと0.5 mol/L-K_2CrO_4溶液とを1滴ずつ加えると，黄色のクロム酸バリウムを沈殿する。

$$Ba^{2+} + CrO_4^{2-} \longrightarrow BaCrO_4$$

②　試料溶液に 0.5 mol/L-$(NH_4)_2SO_4$ 溶液を1滴加えると，白色の硫酸バリウムを沈殿する。

$$Ba^{2+} + SO_4^{2-} \longrightarrow BaSO_4\downarrow$$

(2) カルシウムイオン Ca^{2+}（無色）の反応

①　試料溶液に 0.5 mol/L-K_2CrO_4 溶液を1滴加えても沈殿を生じない（Ba^{2+}，Sr^{2+} の相異）。

②　試料溶液に 0.5 mol/L-$(NH_4)_2SO_4$ 溶液を1滴加えても Ba^{2+} の場合より沈殿を作り難い。表1-1の溶解度積を参照されたい。しかし，エタノール3滴を加えると沈殿を生じやすくなる。

③　試料溶液に 0.025 mol/L-$K_4[Fe(CN)_6]$（ヘキサシアノ鉄(II)酸カリウム）溶液とエタノールを10滴ずつ加えると，ヘキサシアノ鉄(II)酸カルシウムカリウムを沈殿する。

$$Ca^{2+} + K_4[Fe(CN)_6] \longrightarrow CaK_2[Fe(CN)_6]\downarrow + 2K^+$$

④　試料溶液に 0.53 mol/L-Na_2HPO_4 溶液を加えると，白色のリン酸水素カルシウムを沈殿する。

$$Ca^{2+} + HPO_4^{2-} \longrightarrow CaHPO_4\downarrow$$

(3) ストロンチウムイオン Sr^{2+}（無色）の反応

①　試料溶液に 6 mol/L-NH_3 水を加えてアルカリ性にし，0.5 mol/L-K_2CrO_4 溶液を加えると，黄色のクロム酸ストロンチウムを沈殿する。

$$Sr^{2+} + CrO_4^{2-} \longrightarrow SrCrO_4\downarrow$$

エタノールを10滴加えると，クロム酸ストロンチウムはほとんど完全に沈殿する。この沈殿は多量の温水，塩酸，酢酸などに溶解する。

②　試料溶液に 0.5 mol/L-$(NH_4)_2SO_4$ 溶液を数滴加えて約60℃で2～3分間加熱し，静置放冷すると白色の硫酸ストロンチウムを沈殿する。硫酸ストロンチウムの水に対する溶解度積は 3.2×10^{-7} mol^2/L^2 で，硫酸バリウムより大きいが，硫酸カルシウムより小さい（表1-1参照）。

$$Sr^{2+} + SO_4^{2-} \longrightarrow SrSO_4\downarrow$$

③　試料溶液に硫酸カルシウムの飽和溶液を加えると，白色の硫酸ストロンチウムを沈殿する。しかし，この沈殿は硫酸アンモニウムを作用させたときより生成し難い。エタノール3滴を加えると沈殿が生じやすくなる。

$$Sr^{2+} + CaSO_4 \longrightarrow SrSO_4\downarrow + Ca^{2+}$$

§3　第5族イオンの分離と検出

表 1-4 の試料原液を等量ずつ混合した溶液を試料溶液とする。試料溶液を 0.5 mL とり，1.5 mL の水を加えて表 1-10 により分析する。

表 1-10　第5族イオンの分析法

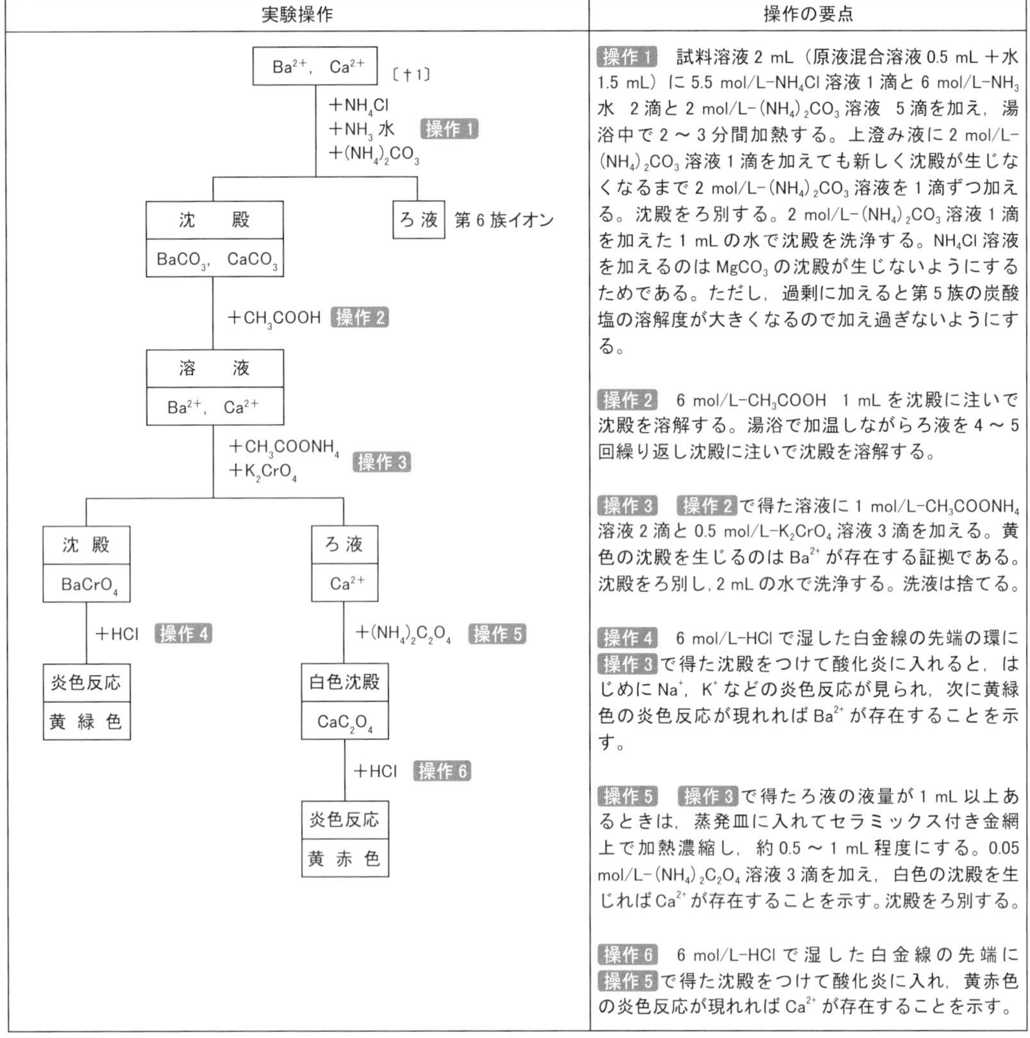

実験操作	操作の要点
Ba^{2+}，Ca^{2+}〔†1〕 $+NH_4Cl$ $+NH_3$ 水　操作1 $+(NH_4)_2CO_3$ 沈殿：$BaCO_3$，$CaCO_3$ ろ液：第6族イオン	操作1　試料溶液 2 mL（原液混合溶液 0.5 mL ＋水 1.5 mL）に 5.5 mol/L-NH_4Cl 溶液 1 滴と 6 mol/L-NH_3 水　2 滴と 2 mol/L-$(NH_4)_2CO_3$ 溶液　5 滴を加え，湯浴中で 2 〜 3 分間加熱する。上澄み液に 2 mol/L-$(NH_4)_2CO_3$ 溶液 1 滴を加えても新しく沈殿が生じなくなるまで 2 mol/L-$(NH_4)_2CO_3$ 溶液を 1 滴ずつ加える。沈殿をろ別する。2 mol/L-$(NH_4)_2CO_3$ 溶液 1 滴を加えた 1 mL の水で沈殿を洗浄する。NH_4Cl 溶液を加えるのは $MgCO_3$ の沈殿が生じないようにするためである。ただし，過剰に加えると第5族の炭酸塩の溶解度が大きくなるので加え過ぎないようにする。
$+CH_3COOH$　操作2 溶液：Ba^{2+}，Ca^{2+}	操作2　6 mol/L-CH_3COOH　1 mL を沈殿に注いで沈殿を溶解する。湯浴で加温しながらろ液を 4 〜 5 回繰り返し沈殿に注いで沈殿を溶解する。
$+CH_3COONH_4$ $+K_2CrO_4$　操作3 沈殿：$BaCrO_4$ ろ液：Ca^{2+}	操作3　操作2で得た溶液に 1 mol/L-CH_3COONH_4 溶液 2 滴と 0.5 mol/L-K_2CrO_4 溶液 3 滴を加える。黄色の沈殿を生じるのは Ba^{2+} が存在する証拠である。沈殿をろ別し，2 mL の水で洗浄する。洗液は捨てる。
$+HCl$　操作4 炎色反応：黄緑色	操作4　6 mol/L-HCl で湿した白金線の先端の環に操作3で得た沈殿をつけて酸化炎に入れると，はじめに Na^+，K^+ などの炎色反応が見られ，次に黄緑色の炎色反応が現れれば Ba^{2+} が存在することを示す。
$+(NH_4)_2C_2O_4$　操作5 白色沈殿：CaC_2O_4	操作5　操作3で得たろ液の液量が 1 mL 以上あるときは，蒸発皿に入れてセラミックス付き金網上で加熱濃縮し，約 0.5 〜 1 mL 程度にする。0.05 mol/L-$(NH_4)_2C_2O_4$ 溶液 3 滴を加え，白色の沈殿を生じれば Ca^{2+} が存在することを示す。沈殿をろ別する。
$+HCl$　操作6 炎色反応：黄赤色	操作6　6 mol/L-HCl で湿した白金線の先端に操作5で得た沈殿をつけて酸化炎に入れ，黄赤色の炎色反応が現れれば Ca^{2+} が存在することを示す。

〔†1〕 第4族のろ液を用いるときは，ニュートラルレッド指示薬を 1 滴加え，指示薬の黄色が赤色に変わるまで 6 mol/L-CH_3COOH を滴下して弱酸性にする。溶液を蒸発皿に移し，セラミックス付き金網上で静かに煮沸して硫化水素を追い出す。蒸気に硫化水素のにおいがなくなるまで加熱を続ける。0.1 mol/L-$Pb(CH_3COO)_2$ 溶液をつけたろ紙を蒸気にあてても硫化水素の反応が認められなくなるまで加熱を続ければより確実である。水の量を加減して液量を約 2 mL にする。以下操作1と同様にする。ただし，NH_4Cl は含まれているから，さらに加える必要はない。

1.8　第6族陽イオンの分析

第6族陽イオンには共通な分族試薬がない。

§1　各イオンの反応

(1) カリウムイオン K^+（無色）の反応

① 試料溶液に1 mol/L-$AgNO_3$を10倍にうすめた液1滴と0.1 mol/L-$Na_3[Co(NO_2)_6]$ 3滴を加えると，黄色のヘキサニトロコバルト(III)酸銀カリウムを沈殿する。

$$2K^+ + Ag^+ + [Co(NO_2)_6]^{3-} \longrightarrow K_2Ag[Co(NO_2)_6]\downarrow$$

沈殿が生じ難いときは約10滴のエタノールを加えると，結晶が析出しやすくなる。

② コバルトガラスを通して炎色反応を観察すると，紫赤色の炎色反応を見ることができる。

(2) ナトリウムイオン Na^+（無色）の反応

① 試料溶液に0.1 mol/L-$K[Sb(OH)_6]$（ヘキサヒドロキソアンチモン(V)酸カリウム）3滴を加えて静置すると，徐々に白色のヘキサヒドロキソアンチモン(V)酸ナトリウムが沈殿する。

$$Na^+ + [Sb(OH)_6]^- \longrightarrow Na[Sb(OH)_6]\downarrow$$

Mg^{2+}が存在する場合，ヘキサヒドロキソアンチモン(V)酸カリウム溶液を加えると，Na^+が存在した場合と類似な白色の沈殿が生じる。

試料溶液を数滴分取し，5.5 mol/L-NH_4Cl溶液 2滴と6 mol/L-NH_3水 2滴を加え，さらに，0.53 mol/L-Na_2HPO_4溶液を1滴加えて数分間放置し，白色の沈殿を生じればMg^{2+}の存在を示す。Mg^{2+}が存在するときはNa^+の沈殿反応を試みる前に，試料溶液に0.5 mol/L-$Ba(OH)_2$溶液3滴を加えて1分間煮沸し，生じた$Mg(OH)_2$の沈殿をこし分けてMg^{2+}を除く。ろ液に0.5 mol/L-$(NH_4)_2SO_4$溶液5滴を加え，生じた$BaSO_4$の沈殿をこし分け，溶液中のBa^{2+}を除く。ろ液を蒸発皿に入れ，セラミックス付き金網上で蒸発乾固させ，約3分間強熱して過剰な$(NH_4)_2SO_4$を除く。放冷後水3滴を加えて溶解する。この溶液に0.1 mol/L-$K[Sb(OH)_6]$を3滴加え，白色沈殿が生じればNa^+の存在を示す。

② 顕著な黄色の炎色反応を示す。コバルトガラスを通して観察すると，ナトリウムの炎色反応は吸収されて見えない。

(3) アンモニウムイオン NH_4^+（無色）の反応

① 試料溶液にネスラー試薬1滴を加えると，NH_4^+が微量存在すると黄色に，多量存在すると赤褐色の沈殿が生じる。

$$NH_4^+ + OH^- \longrightarrow NH_3 + H_2O$$

$$NH_3 + 2[HgI_4]^{2-} + 3OH^- \longrightarrow \text{I-Hg-O-Hg-NH}_2 + 2H_2O + 7I^-$$

② 試料溶液に6 mol/L-NaOH溶液を滴下してアルカリ性にして加熱すると，NH_3を発生する。

$$NH_4^+ + OH^- \longrightarrow NH_3\uparrow + H_2O$$

§2 第6族イオンの検出

表1-4の試料原液を等量ずつ混合した溶液を試料溶液とする。この試料溶液を0.5 mLとり，1.5 mLの水を加えて表1-11により分析する。

表1-11 第6族イオンの分析法

実験操作

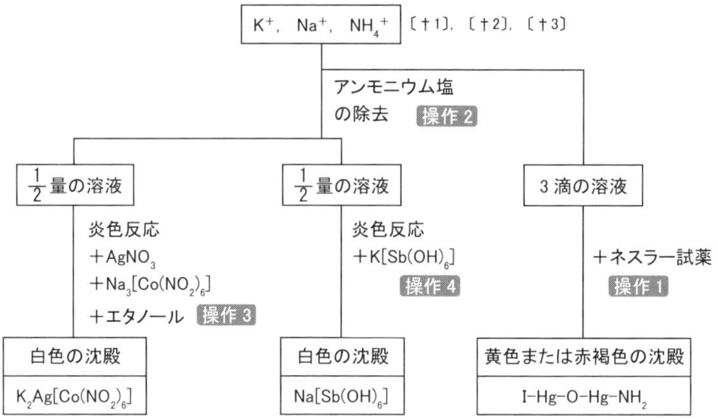

K^+，Na^+，NH_4^+ 〔†1〕，〔†2〕，〔†3〕

- アンモニウム塩の除去 操作2
  - $\frac{1}{2}$量の溶液 → 炎色反応 ＋$AgNO_3$ ＋$Na_3[Co(NO_2)_6]$ ＋エタノール 操作3 → 白色の沈殿 $K_2Ag[Co(NO_2)_6]$
  - $\frac{1}{2}$量の溶液 → 炎色反応 ＋$K[Sb(OH)_6]$ 操作4 → 白色の沈殿 $Na[Sb(OH)_6]$
- 3滴の溶液 → ＋ネスラー試薬 操作1 → 黄色または赤褐色の沈殿 I-Hg-O-Hg-NH_2

操作の要点

操作1　試料溶液にネスラー試薬1滴を加え，黄色または赤褐色の沈殿を生じれば，NH_4^+が存在することを示す。

操作2　アンモニウム塩が存在すると，K^+，Na^+の沈殿反応を妨害する。アンモニウム塩を分解除去するため次の操作をする。溶液を蒸発皿に移し，6 mol/L-HNO_3を1 mL加えて徐々に加熱して蒸発乾固する。冷却してから，6 mol/L-HNO_3を1滴と水を1 mL加えて残留物を溶解する。溶液を2分する。

アンモニウム塩を含まない試料溶液を用いるときは，操作1を省略する。

操作3　コバルトガラスを通して紫赤色の炎色反応が観察されるならば，K^+が存在することを示す。

試料溶液に0.1 mol/L-$AgNO_3$溶液 1滴と0.1 mol/L-$Na_3[Co(NO_2)_6]$溶液3～4滴を加え，黄色の沈殿を生じればK^+が存在することを示す〔†4〕。沈殿が認められなかったら，結晶の析出を促進するためエタノールを0.5 mL加える。

操作4　黄色の炎色反応が現れればNa^+が存在することを示す。試料溶液に0.1 mol/L-$K[Sb(OH)_6]$溶液3～4滴を加えて静置したとき，白色の沈殿が生じればNa^+が存在することを示す〔†4〕。

Na^+が存在しても，すぐに沈殿を生じないことがある。少なくとも30分間は静置して試験管の内壁に結晶性の白色沈殿が付着するかどうかを注意深く観察する。

〔†1〕 系統分析をするときは，第1族の分析を始める前に，試料溶液の少量を分取し，NH_4^+の検出を試みる。1.8 §1(3)参照。

第5族のろ液を用いるときは，第5族のイオンを完全に除くため，0.5 mol/L-$(NH_4)_2SO_4$溶液と0.05 mol/L-$(NH_4)_2C_2O_4$溶液とを1滴ずつ加える。沈殿が生じたらろ過してろ液を用いる。

〔†2〕 §1 (2) に記した方法によってMg^{2+}が存在するか否かを確認する。

〔†3〕 NH_4^+の有無を調べるときに使用する水はネスラー試薬に対して呈色反応を示さないことが必要である。蒸留水に水酸化ナトリウムを加えて再蒸留し，初留は捨て，ネスラー試薬に対して呈色しなくなった後の留出水を用いる。

〔†4〕 Na^+やK^+の沈殿反応は，被検出イオン濃度が低いと明確に認め難いことがある。濃度を低下させないため，なるべく溶液量を増加させないように注意する。

1.9　陽イオンの分族操作

多種類の陽イオンを含む溶液について分析を行うときは，1.3 ～ 1.8 に記した分析法により，順次分族し，各族の陽イオンの分離検出をすればよい。分族法の要綱を表示すれば表 1-12 のとおりである。

表 1-12　陽イオンの分族法

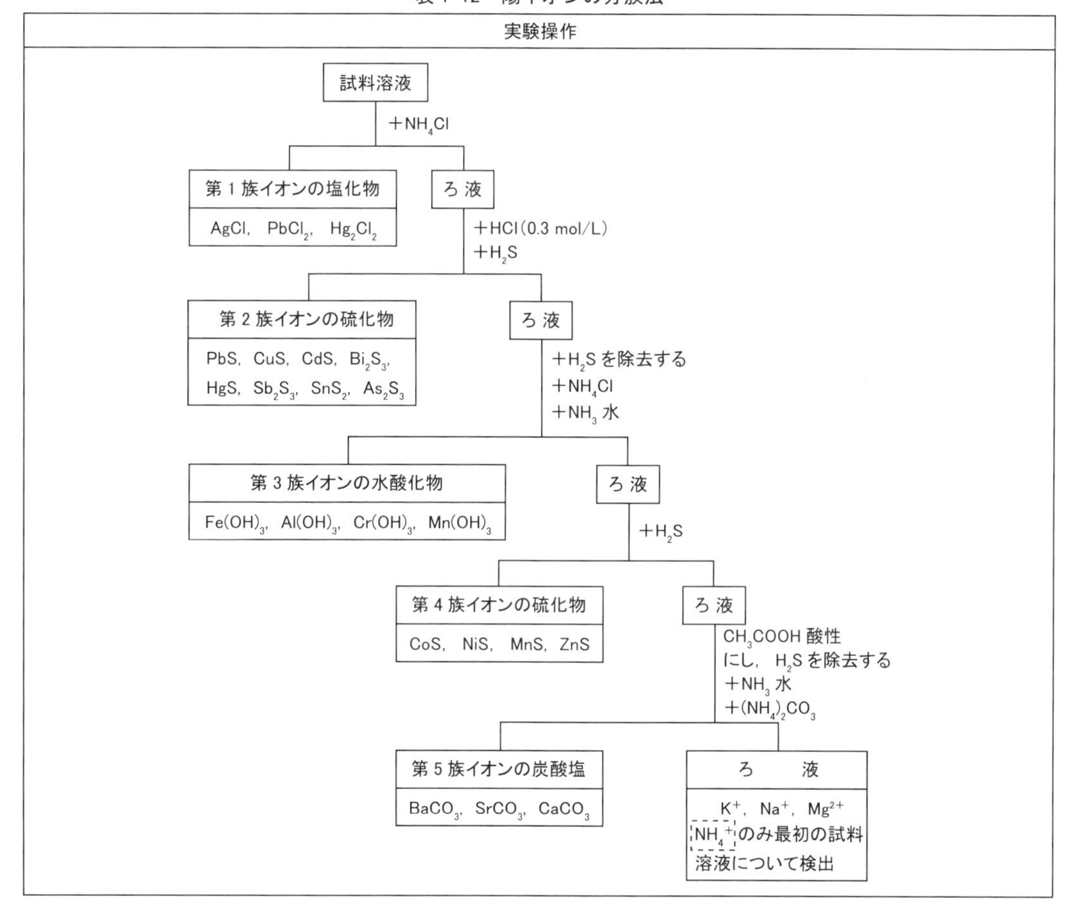

分族試薬を加えても沈殿が生じなければ，その族のイオンは存在しないのであるから次の族の分析に移る。(第 3 族と第 4 族イオンの注意を見る)。

重量分析法と吸光光度法

2.1 総　　説

定量分析法は試料構成成分の量を測定する方法である。自然科学の広範な知識技術を応用する分析法が開発されている。本書ではその目的から考え，重量分析法，吸光光度法，容量分析法から教材を選択した。なお，多くの分析法があるが，それらについては類書を参照されたい。

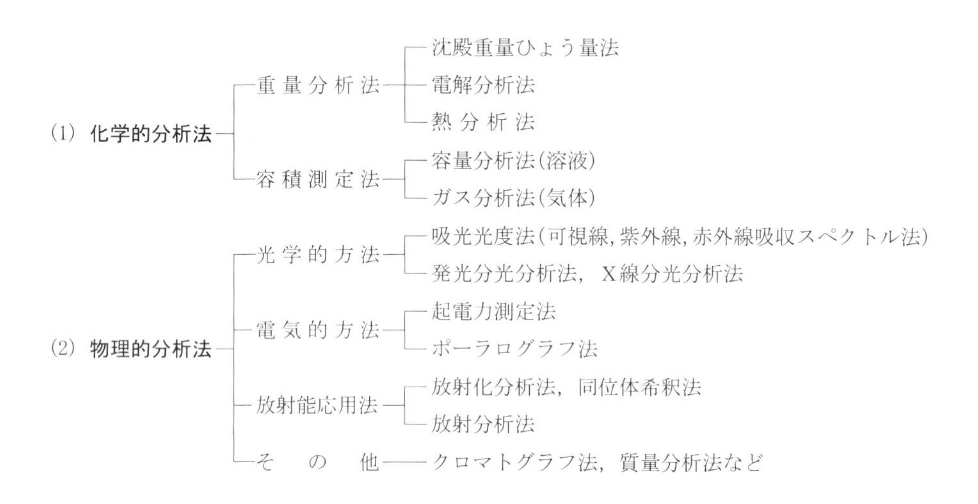

近時，優れた分析機器が研究に常用されるようになった。これらの機器を活用するときの基準となる標準物質は重量分析法および容量分析法で値付けされる。

また，重量分析法は直接，物質の質量を測定するのであるから最も確実な方法である。さらに，天びんの使用法を含めて化学分析法の基礎原理を理解すると共に化学実験の基本操作や技術を習得するために重量分析法は初歩的学生の教材として重要なものである。

一般的な重量分析法の順序は次のようである。

① 試料の採取，② 試料の溶解，③ 沈殿の生成，④ 沈殿のろ過分離と洗浄，⑤ るつぼの恒量，⑥ 沈殿の乾燥と強熱，⑦ 質量測定，⑧ 分析目的物の質量と含有率計算・実験結果の記録・報告

目的成分を他成分が共存する状態で定量することができれば分析操作は簡単である。しかし，このような好都合な場合ばかりではなく，目的成分を他成分から定量的に分離しなければならないことが多い。定量分析に用いられる主な分離法を略記する。

1）揮発法　目的物質と共存物質との蒸気圧の差を利用して分離する方法である。その差が大きい程分離しやすい。このため，予め目的成分を揮発しやすい化学形態に変えることがある。

2）溶媒抽出法　互いに混ざり合わない2つの溶媒間の分配係数の差によって各成分を分離する方法である。

3）沈殿法　目的物質だけを定量的に沈殿させて共存物質から分離する。このため溶解度がなるべく小さな化合物をつくるような試薬を加える。

4）電解法　金属イオンの溶液を電解液として定電位電解を行うと，元素の析出電位の差によって金属元素を分離定量することができる。例えば，酒石酸ナトリウム＋塩酸ヒドラジン溶液（pH 5.2 ～ 6.0）を用いると，銅は -0.30 V，鉛は -0.60 V で析出する。

5）イオン交換法　イオン交換樹脂を詰めたカラム中を数種のイオンを含む溶液を通過させると，各イオンの分布係数の差によって各イオンの溶出時間に差が生じ分離される。

2.2 天びん

§1　一般的注意

天びんは分析化学の基礎になる試料，分離した物質，または標準物質などの質量を測定するものである。天びんによるひょう量が不正確であると，その他の操作をいかに注意深くしても実験結果は不正確になる。天びんはしばしば使用するものであるから，その構造を理解し，操作によく慣れて上手になると共に機能をそこなうことのないよう留意しなければならない。

§2　化学天びん

化学天びんは，テコと振り子の原理を応用した装置であり，質量既知である分銅の重量と物体の重量とをつり合わせて物体の質量を知る装置である。化学天びんは操作が煩雑で時間もかかるために，現在は直示天びんや電子天びんにとって代わられてほとんど使われないが，質量測定の基本原理を理解するうえで有用と思われるので構造を図 2.1 に記載した。

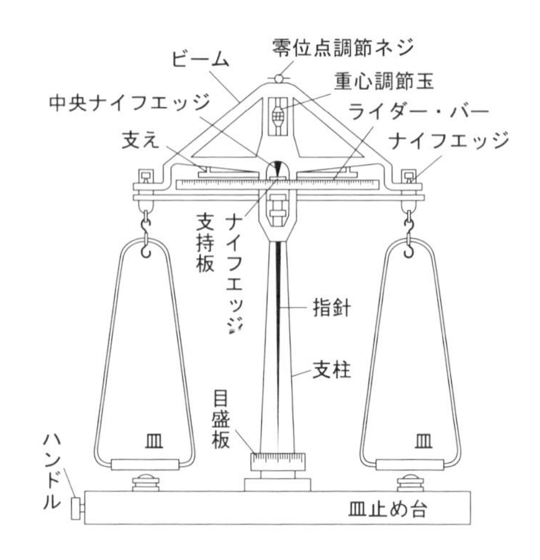

図 2.1　化学天びんの構造

§3　定感量直示天びん

定感量直示天びんの構造を図 2.2 に示す。

図 2.2 よりわかるように，ビームの中央部にあるナイフエッジの先端が支点となって支柱にのっている。分銅と皿は一体となって力点にかかっている。これとつり合うようにバランスウェイトが取り付けてある。皿に物体を載せると，物体の重量だけ皿のほうが重くなる。分銅加除ダイヤルを回して物体の重量と等しい分銅を除いてつり合わせる。除いた分銅により，物体の重量を知る。この方法によると，物体重量の軽重にかかわらず力点にかかる荷重を一定にしてひょう量するのであるから感度もビームのたわみも常に一定である。上で述べた化学天びんと違い，ナイフエッジが 2 個であるから中央の支点から両皿を支えるナイフエッジまでの距離の違いによる誤差は生じない。分銅は機械的に加除できるようになっており，振動法による測定の必要もなく，

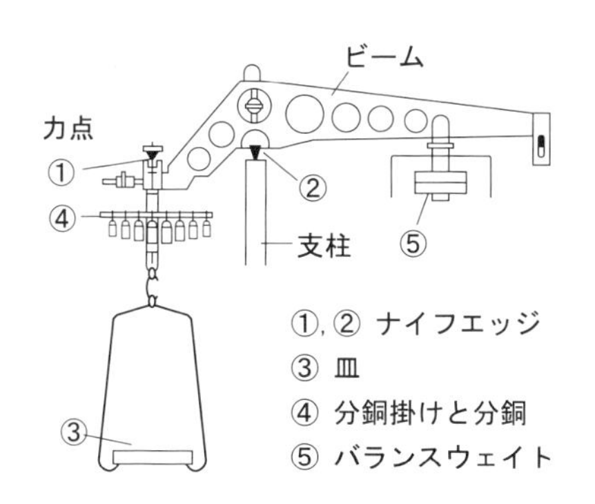

図 2.2　定感量直示天びんの構造

重量は数字窓の数字と投影目盛りによって直読できるので，迅速に精密なひょう量が可能である。天びんの故障修理は大変めんどうである。取り扱いには特に注意されたい。

§4　電子天びん

電子天びんは，質量を電流あるいは電圧として取り出し，それを AD（アナログ - デジタル）変換してデジタル的に質量値を表示する方式である。代表的な方式としてはロードセル式（電気抵抗線式）と電磁式があるが，より高い分解能が得られる電磁式の構造を図 2.3 に，また概要を以下に示す。

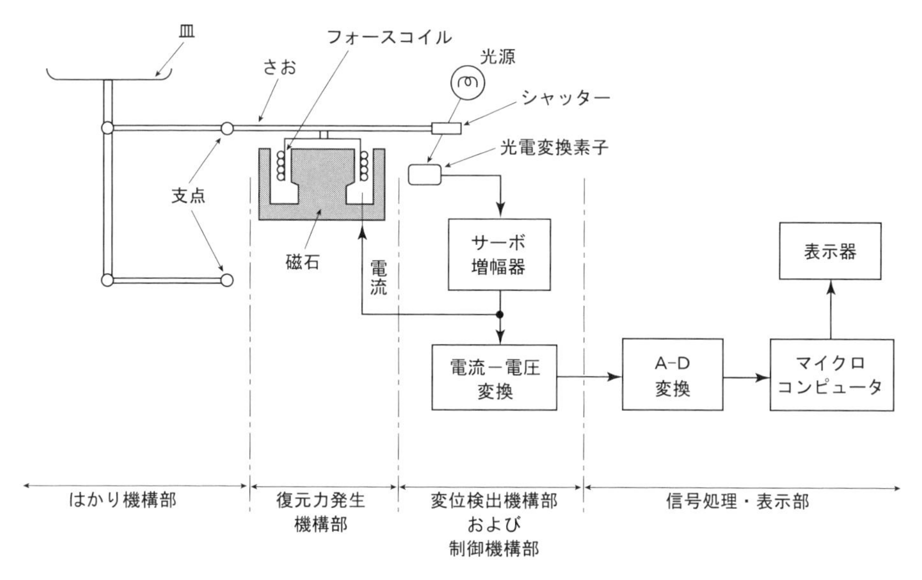

図 2.3　電磁式電子天びんの構造模式図
（島津製作所資料より）

質量測定の動作は次のようになる。① まず皿に試料を載せると，竿は右上がりに傾斜する。② 竿の右端にある位置センサ（光源と光電変換素子で構成）によって竿右端が上方に変化したことを検出し信号を発する。③ 位置センサの信号により，竿に取付けられたフォースコイルに流す電流を増加させる。④ フォースコイルはマグネットの磁界の中に置かれておりフォースコイルに電流を流すとフレミングの左手の法則に従ってコイルに力が発生し，発生する力の大きさはフォースコイルに流した電流に比例する。⑤ フォースコイルに発生した力により竿が下方に引っ張られ元の位置に竿が戻される。⑥ フォースコイルに流す電流値と試料の質量値を前もって校正しておくと竿を元の位置に戻すために流した電流値より試料の質量値を知ることができる。

電子天びんには最小表示が 0.1 mg または 0.01 mg 程度までの分析天びんと最小表示値 0.1 g, 0.01 g または 0.001 g 程度までの上皿電子天びんがある。重量分析で沈殿などをひょう量形に変えた後に精密に質量を測るためには分析天びんが用いられる。

電磁式分析天びんおよび上皿電子天びんの外観を図 2.4 に示す。

図 2.4　電磁式分析天びんおよび上皿電子天びんの例

(1) 分析天びん使用上の注意

① 設置する場所は，極端に温度変化が生ずるようなところや空気の流れのあるところは避ける。例えば直射日光の当たるところ，エアコンの吹き出し口に近いところ，ドアや窓の近くなどは不適当。

② 安定な台上に水平に置き（天びんの水平器により調節），振動を与えないようにする。

③ ほこり，湿気，腐食性ガス，電磁波，電界などがある場所での測定は避ける。

④ はかりたい物質の温度が天びん室の温度と同一になってからひょう量する。強熱したるつぼはデシケーターに入れて天びん室に 30 分間以上置き，室温までに冷却してからひょう量する。

⑤ 薬品や試料をこぼさないようにする。天びんのひょう量室内に誤ってこぼしたら，速やかに専用の刷毛などを用いて取り除く。

(2) 電子天びんによる測定操作

島津製作所製分析天びんを例にひょう量操作の概要を示す。

① 電源コードをコンセントに接続する。

② ON/OFF キーを押す。全表示が点灯する。

③ ガラス扉を開けて，風袋（容器）を皿に載せ，ガラス扉を閉める（容器を用いる場合)。

④ 表示が安定するのを待って，【O/T】キー（風袋引きキー）を押し，安定マークの点灯を確認する。(ゼロ表示になる)

⑤ ガラス扉を開け，はかるものを風袋に載せた後，ガラス扉を閉める。

⑥ (安定マークが点灯し）表示が安定したら表示値を読み取る。

§5　上皿天びん

上皿天びんはそれ程精密でなくてもよい場合 (0.1 g まで），迅速に物体の重量を測定するのに用いる。左右の皿に何も載せないで，手で風を送り，指針の回帰目盛りにより左右のバランスがとれていることを確認する。左皿の上に容器か薬包紙を置き，その重量を測定するか，または，左右の皿に薬包紙を載せてつり合わせる。次に測ろうとする物体を左皿の容器または薬包紙上に載せて重量を測定する。右皿への分銅の載せ方は，物体よりやや重いと思われるものから順次軽いものへ取り替えてみる。左右がつり合ったとき，分銅の重量を読みとる。

一定重量の試料や試薬をひょう量するときには，必要な分銅を左皿に載せ，右皿上の容器か薬包紙に試料か試薬を少しずつ載せてつり合わせる。

使用しない時は，2 枚の皿を一方の皿の上に重ねておく。

§4 で述べた上皿電子天びんでは，上記のような分銅を用いる煩わしさはなく，物体をひょう量皿に載せるだけで重量が表示され，極めて簡単にひょう量できる。

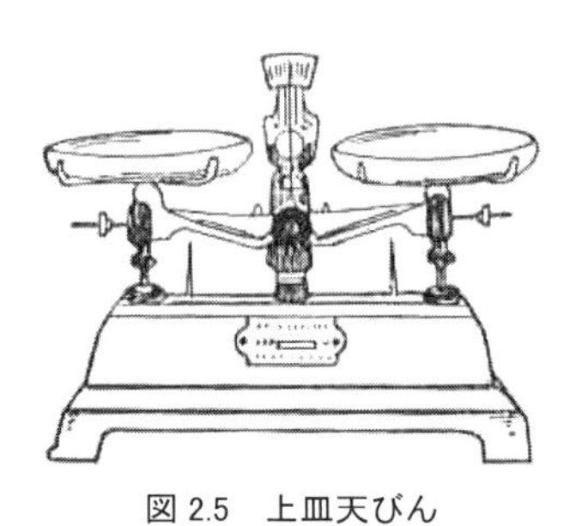

図 2.5　上皿天びん

2.3 重量分析法の一般操作

§1 試料の採取

分析に用いる試料は，対象として考えている物質（試料）の全体（母集団）を代表するものでなければならない。分析試料が全体の平均組成をもつものでなければ，分析をいかに厳密正確に行っても得られた結果からは特定部分の組成がわかるだけで，対象物全体の組成はわからないだけでなく誤った結論に導く危険がある。試料の採取は重要な作業である。

気体や液体試料は均一になりやすいので採取は比較的簡単であるが，例えば，川の水の場合では季節，日時，場所，深度などに配慮する必要がある。固体の場合には，各部分から一定量ずつ抜き取り，破砕してから均一に混合する。これを円錐形にもり上げ，円錐の頂部を平板で押さえ，中心を通る直交二直線で図 2.6 のように 4 等分する。II，IV 部は捨て，向いあった I，III部を合わせて円錐四分法を繰り返す。試料が大きいものであるときは，ハンマーまたは鋼製粉砕器で細かくする。さらに微細な微粉末にするにはめのう乳ばちに約 0.5 g ずつ入れてすりつぶす。めのう乳ばちはもろいから，たたいてはならない。また熱に弱いから加熱乾燥してはいけない。試料を指の間に入れてこすったとき滑らかな感じがする程度にまですりつぶす。

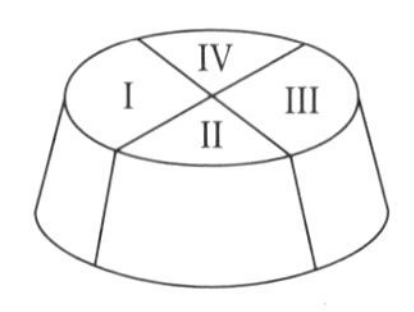

図 2.6　円錐四分法

§2 試料の溶解

溶液反応によって目的成分を沈殿分離し質量測定するような湿式重量分析では試料を溶解しなければならない。塩酸または硝酸に溶かすことが多い。

(1) 酸による溶解

試料をガラスビーカーにはかり取り，約 10 倍の体積の水を加え，かきませながら塩酸または硝酸を少しずつ加える。加熱する必要があるときは湯浴を用いる。　これらの酸で溶解し難いケイ酸塩を含む試料の場合には，白金容器（またはテフロンビーカー）に試料をとり，硝酸を少量加えてかきまぜたのちフッ化水素酸を滴下して溶かす。さらに湯浴上で加熱する。

(2) 融解剤を用いる方法

多くの鉱物のように酸に溶解しない試料には，融解剤を加えて加熱する。例えば，適当な材質のるつぼ中で，試料に約 10 倍量（重さ）の炭酸ナトリウムまたは硫酸水素カリウムを融解剤として加えて混合する。さらに少量の融解剤で表面を覆い，徐々に加熱して融解させる。この状態に約 25 分間保つ。ときどき振り動かして内容物を混合する。冷却後内容物を水に溶かす。

§3　沈殿の生成

重量分析では試料溶液に沈殿剤を加え，組成の一定な化合物を沈殿させることが必要である。ビーカーは，試料溶液と沈殿剤の合計量の2倍以上の容量のものを用いる。試料溶液に加える沈殿剤溶液は少量ずつ徐々に加え，よくかきまぜ，生成する分析目的物質の沈殿に不純物がとり込まれないようにする。予備実験や試料についての知見から沈殿剤のおおよその必要量を予知しておくことが望ましい。沈殿する化合物の溶解度積はかなり小さなものであるが，ごく少量の目的イオンが沈殿しないで溶けている。沈殿試薬を理論量より5％程度過剰に加えると目的物の沈殿が最大になることが多い。しかし，Ag^{+} 溶液に Cl^{-} 溶液を加えて塩化銀（AgCl）を沈殿させるときのように，Cl^{-} 溶液を大過剰加えると可溶性錯イオンを生じ，再び溶解することがあるから沈殿剤の大過剰添加は避けなければならない。沈殿剤添加の終りに近くなったら，静置して沈殿を降下させた上澄み液に沈殿剤を滴下しても新たに沈殿が生成しなくなるまで沈殿剤を加える。沈殿の溶解度に影響を及ぼすその他の因子について略記する。

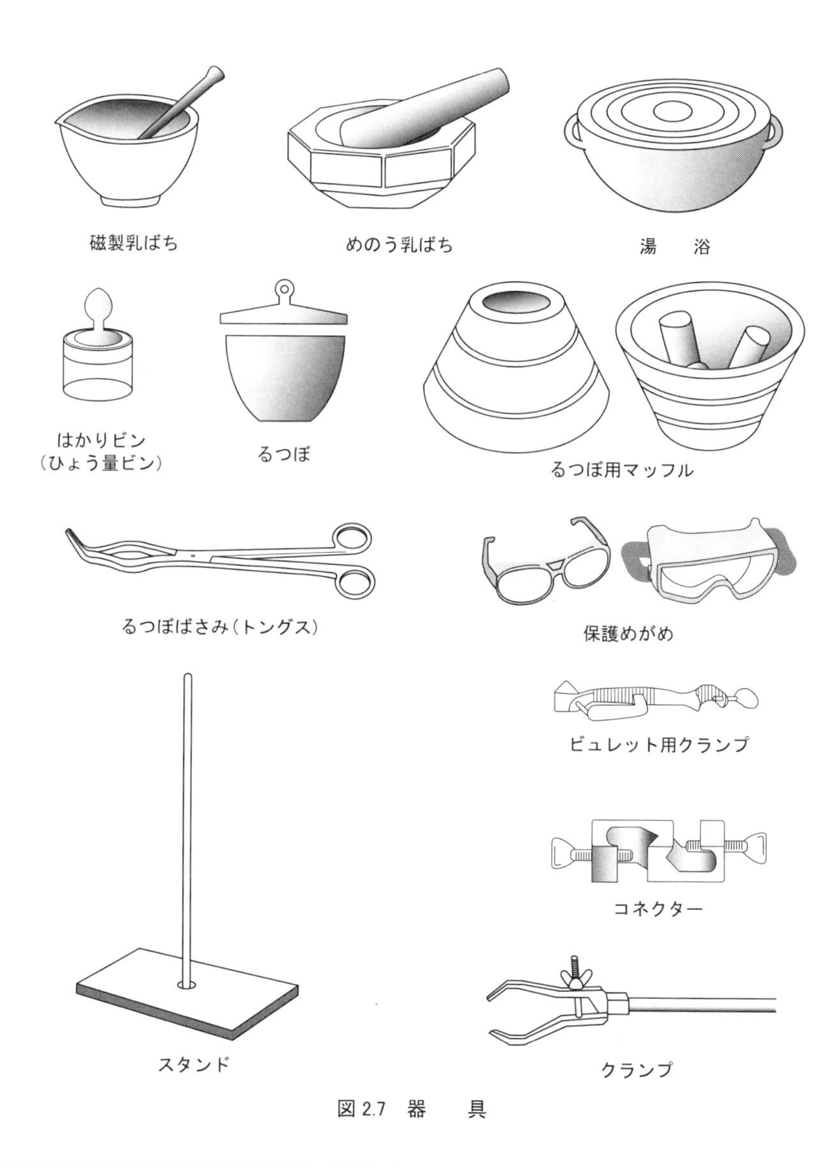

図2.7　器　　具

(1) 水素イオン濃度

水素イオン濃度が高くなると，シュウ酸塩 (例えば CaC_2O_4)，炭酸塩，リン酸塩などのような弱酸の塩の溶解度が増大する。水素イオン濃度が非常に低いとき，すなわち，アルカリ性が強くなると，Al の水酸化物 ($Al(OH)_3$) のように溶解度が大きくなるものがあるので要注意。

(2) 溶媒の種類

有機溶媒は水よりも一般に双極子モーメントが小さく，無機塩類の溶解度が小さい。水によく溶解するエタノールやアセトンを水溶液に加えると，塩類の溶解度を減少させることができる。

(3) 共通イオン

沈殿する化合物の純水に対する溶解度より，沈殿剤イオンを含む水に対する溶解度の方がはるかに小さい。例えば，硫酸バリウムの 0.01 mol/L $BaCl_2$ 溶液に対する溶解度は純水に対する溶解度の約 1/1000 である。

(4) 温　度

塩の溶解度は一般に温度が高くなると増大するので，低温で沈殿を作るのがよい。しかし，実際には高温で沈殿を作ったり，ろ過したりすることがある。これは，高温での操作によるプラスの効果が温度上昇による不利を上まわる場合である。

§4　沈殿の熟成

沈殿を作った後，沈殿を含む母液を入れたビーカーを湯浴上におき，約 1 時間加熱して熟成させる。熟成によって得られる利点を次にあげる。

① 小さい結晶は消失し，大きい結晶が成長してより大きな結晶になる。

② 結晶表面の不規則な部分が溶解し，表面に再結合して次第に規則正しい美しい結晶になる。

③ 急速な結晶成長の際に，結晶内に取り込まれた不純物が再結晶化の進行と共に放出されて沈殿の純化が起こる。

④ 長時間の加熱によってコロイド状沈殿の凝結が起こる。

§5　沈殿のろ過と洗浄

(1) 沈殿のろ過

沈殿と母液とを分離するためにろ過する。ろ過器には漏斗とろ紙，一定の大きさのガラス粒を半融解して多孔質の板を作り，これをろ過材としたガラスフィルター（図 2.8)，セラミックスをろ過材としたグーチるつぼ，素焼板をろ過材とした磁製ろ過るつぼなどがある。これらのうちどれを用いるかは沈殿の性質と実験目的によって決める。最も普通に用いられる漏斗とろ紙による方法について述べる。重量分析には定量用ろ紙を用いる。定量用ろ紙にも目の大きさ，灰分量，強度などの違う数種類のものが市販されている。沈殿の性質によって硫酸バリウム用とか一般定量用とかを選ぶ。多くの場合，直径 9 cm のろ紙を四分円よりややずらして折り，開いたとき立体角が 60 度よりわずかに大きくなるようにする。ろ紙を漏斗に入れて指で押しつけながら洗ビンから水を吹き付け，漏斗にろ紙を密着させる。ろ紙が 3 枚重なる部分の上すみを図 2.9 の a 部のように小部分を破りとると密着しやすくなる。

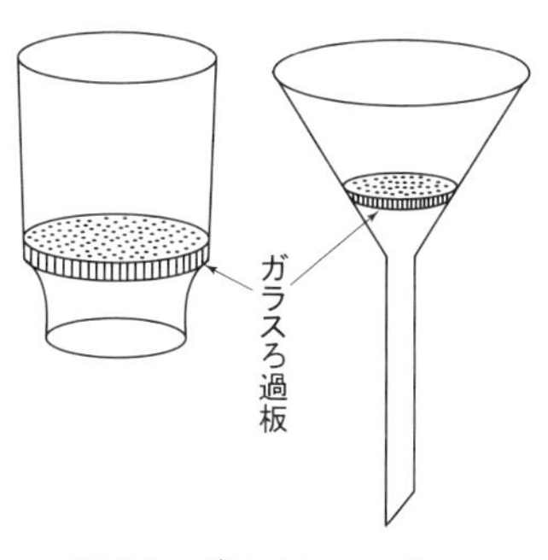

図 2.8　ガラスフィルター

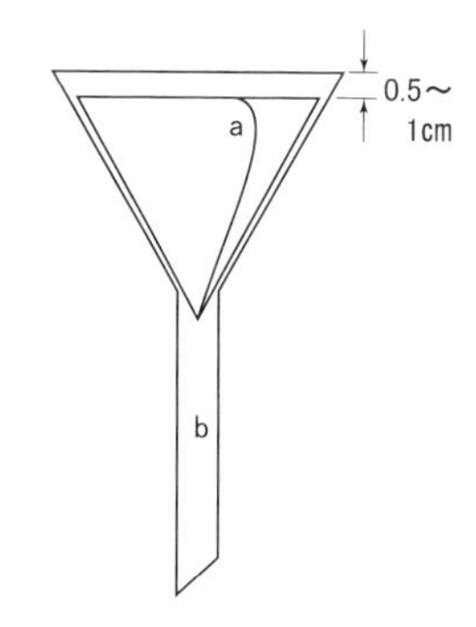

図 2.9　漏斗にろ紙を入れた図

ろ紙を密着させて漏斗の脚部 b にろ液がみたされ，液柱ができるようにするとろ過速度が大きくなる。ろ紙の上端を漏斗の上端より 0.5 ～ 1 cm 下にする。図 2.10 のように，漏斗の脚は受器の内壁につけておき，上澄み液をガラス棒をつたわらせてろ紙上に注ぐ。ろ紙上の液面がろ紙の上端から 0.5 ～ 1 cm ぐらい下になるように液を追加する。沈殿がろ紙上に少しずつ移り，ろ過速度が遅くなる。残液と共にビーカー中に残った沈殿をガラス棒をつたわらせてろ紙上に移す。図 2.11 のようにして洗ビンから水を吹きつけて沈殿をろ紙上に流し入れる。ビーカー内壁やガラス棒についた沈殿も全部ろ紙上に移す。

(2) 沈殿の洗浄

ろ紙上の沈殿には少量の母液と共に目的化合物以外の物質が混在している。これらの不純物を除去するために洗浄する。洗液には沈殿の溶解度を減少させる共通イオンを加えるのが普通である。しかし，後で強熱したとき残留物となるものであってはならない。溶解度が大きくなる不利はあるが，不純物除去効果を高めるために温溶液を用いて洗浄することが多い。

1 回に加える洗液の量はろ紙の下半分ぐらいまでとする。最初はろ紙の上部についている母液を洗い出すようにろ紙の上の方へ洗液を注ぐ。1 度加えた洗液がほとんど滴下してしまってから次の洗液を加える。早く洗浄を終りたいと思って，1 度に多量な洗液を加えたり，前の洗液が残っている間に次の洗液を追加するのは洗浄効果を低下させ，かえって長時間を要することになるの

図 2.10　上澄み液の移し方

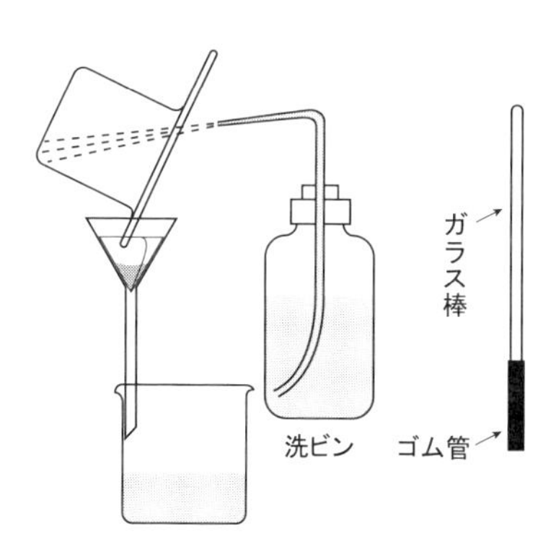

図 2.11　沈殿の洗い方とゴム管付ガラス棒（ポリスマン）

で避けるべきである。1回の洗液量は多過ぎないようにして洗浄回数を多くするのがよい。ろ液中に除こうとするイオンが認められなくなるまで洗浄を続ける。

§6　るつぼの恒量

磁製るつぼは強熱すると重量がいくらか減少することがあるので，あらかじめ重量の減少が起こらなくなるまでるつぼを強熱して恒量にしておく必要がある。まずるつぼを水洗いまたは塩酸を用いて洗浄して付着物を除いたのち乾燥する。るつぼを三角架上のマッフル中に置き，初めは小さな炎で徐々に加熱し，次第に炎を大きくするとともに充分空気を入れて炎の温度を上げる。最後にそのバーナーで出し得る最も強い炎で約30分間赤熱する。炎を消して放置し，少し冷却させる。まだ熱いうちにるつぼばさみを用いて，シリカゲルを入れたデシケーター（図2.12）中の磁製板の孔にるつぼを移す。デシケーターのフタをして，天びん室中に30分間以上静置し，室温になってから電子天びんでるつぼの質量を測定する。再び前回と同じ要領で加熱する。最も強い炎で15～20分間強熱し，デシケーターの中で冷却，ひょう量する。前回の測定質量との差が0.2 mg以下になるまで強熱，冷却，ひょう量を繰り返し，るつぼを恒量にする。前回とのひょう量差が0.3 mg以下になったら恒量としてさしつかえない場合が多い。

（注：三角架にある3対の針金の先を三脚の上端にある鉄環に巻きつけて三角架を固定する。三角架の上にるつぼ用マッフルを置き，そのなかにるつぼを入れて加熱するのがよい。ただし，るつぼにろ紙が入れてあるときには，ろ紙の炭化がすむまではマッフルの上半分を除いて加熱し，ろ紙の炭化がすんだのち，マッフルの上半分をのせる）

図2.12　デシケーター

§7　沈殿の強熱

沈殿をひょう量に適する安定な組成既知の化合物に変えるために強熱する。また水を蒸発し，洗液に加えた電解質を除き，ろ紙を灰化するなどの目的もある。加熱温度は沈殿の性質によって違うが一般的操作を述べる。

洗液が滴下しなくなったら，漏斗から沈殿の入っているろ紙を取り出して，ろ紙で沈殿を包むようにしてるつぼに入れる。100～105℃の乾燥器中，またはセラミックス付金網上で2～3 cmぐらいの小さい炎で乾燥する。るつぼを三角架上の上半部を除いたマッフル中に置いてるつぼのフタをし，徐々に熱してろ紙を炭化する。ろ紙が炎を上げて燃えないように炎を調節する。ときどきフタを上げて炭化状態を見る。ろ紙が黒色になったとき，るつぼを約20度傾け，フタをずらせ，マッフルの上半部をのせ，るつぼの底部がやや赤くなる程度に炎を強くしてろ紙灰を白色に灰化する。急速に強熱すると炭素が沈殿中に取り込まれて実験が失敗に終ることがある。灰化が終ったら，るつぼを直立させ，フタをして約20分間強熱する。§6るつぼの恒量と同様にデシケーター中で冷却，ひょう量する。再び約15分間強熱，冷却，ひょう量を繰り返して恒量にする。

るつぼばさみはp. 35の図2.7に示すように先端を上に向けて置き，また，先端を上に向けて持ち，先端が机面に接して汚染しないようにする。

2.4　硫酸根の定量

§1　要旨と注意

水に溶かしたとき SO_4^{2-} を生じる化合物，例えば硫酸銅(II)五水和物を水に溶かし，塩酸を少量加えて弱酸性にする。この溶液を加熱しておき，塩化バリウムの温溶液をやや過剰に加えて，SO_4^{2-} を硫酸バリウムとして沈殿させる。

$$SO_4^{2-} \quad + \quad Ba^{2+} \quad \longrightarrow \quad BaSO_4 \downarrow$$

沈殿のろ別，洗浄，乾燥，ろ紙の炭化と灰化，強熱，ひょう量をして硫酸根を定量する。

$BaSO_4$ の溶解度積は 2.0×10^{-11} (mol^2/L^2) であるが，Ba^{2+} を少し過剰に加えると，その溶解度が著しく減少する。硫酸バリウムの沈殿は溶液中の共存イオンを吸着して共同沈殿を生じやすい。この共存イオンの妨害を除くためには，塩化バリウム溶液は比較的希薄なものを用い，熱溶液としてかきませながら滴々加えるのがよい。本実験においては，硫酸銅(II)溶液も塩化バリウム溶液も共に沸騰点近くまで加熱しておいて両液を混合する。これは，高温であるほど硫酸バリウムの溶解度が大きいので，比較的大きなろ過しやすい結晶性の沈殿を得ることができるからである。硫酸バリウムの沈殿をつくるとき少量の塩酸を加えてHCl濃度を 0.01 ～ 0.05 mol / L にしておくと次のような効果がある。

硫酸銅(II) の希薄水溶液を煮沸したとき起こる塩基性硫酸銅(II) の沈殿の生成を防止する。バリウムの炭酸塩，リン酸塩などの共沈が起こらない。比較的大きなろ別しやすい硫酸バリウムの沈殿をつくる。しかし，HCl濃度が 0.05 mol / L 以上になると硫酸バリウムの溶解度が大きくなるので，塩酸を加え過ぎないように注意する。

硫酸バリウムの沈殿は非常に微細で，ろ紙の目を通過することがある。特に目の細い硫酸バリウム用のろ紙（No.5C）を用いる。

硫酸バリウムの比重 (4.499) は大きいので，沈殿を少量でもろ液と共に捨てると実験誤差が大きくなる。結晶成長のための熟成時間はなるべく長くするのがよい。

§2　器具と試薬

器具または試薬	規　格	器具または試薬	規　格
硫酸銅(II)五水和物	$CuSO_4 \cdot 5H_2O$ (式量 249.68)	$BaCl_2$ 溶液-0.2 mol/L	$BaCl_2 \cdot 2H_2O$ (式量 244.28)
HCl 溶液-6 mol/L			49 g を水 1 L に溶解する。
HCl 溶液-0.4 mol/L		$AgNO_3$ 溶液-0.01 mol/L	褐色滴ビン入り
ろ　紙	東洋ろ紙 No.5C　直径 9 cm	湯浴器	銅製，直径 15 cm
電子天びん	100 g 用	薬サジ	
上皿天びん	100 g 用	ビーカー	300 mL
バーナー		メスシリンダー	100 mL
三　脚		漏　斗	直径 6 cm
三角架		はかりビン	直径 2.5 cm
セラミックス付き金網	15 × 15 cm	漏斗台	
るつぼばさみ		時計皿	直径 5 cm
るつぼ	磁製	洗ビン	ポリエチレン製 250 mL
るつぼ用マッフル		ゴム管付ガラス棒(ポリスマン)	直径 6 mm, 長さ 20 cm
全量ピペット	10 mL	デシケーター	シリカゲル入り直径 15 cm
駒込ピペット	5 mL	ビーカー	100 mL
ピペット台		るつぼ整理箱	*参照

*　高さ 5 cm のベニヤ板を直角に組み合わせ，8 × 8 cm の小区画を使用するるつぼ数だけつくった箱を準備する。その日の実験が終わったら，各小区画に番号を記入し，各自のるつぼを小区画中に入れておく。

§3 実験操作

操作手順	操作の要点
硫酸銅(Ⅱ)五水和物の結晶約 0.3 g を精密にはかりとる	結晶を時計皿に載せて，電子天びんで 0.1 mg まで測る。
↓	
ビーカー（300 mL）中に移す	時計皿に残った微量の結晶は洗ビンより少量の水を吹きつけて全部ビーカー中に流しいれる。
↓	
結晶の溶解（分析試料とする）[†1]	水約 120 mL と 6 mol/L-HCl 1 mL を加え，かきまぜながら溶解する。
↓	
加熱（沸点近くまで）[†2]	
↓	
$BaSO_4$ 沈殿の生成	溶液を静かにかきまぜながら，10分間の間に0.2 mol/L $BaCl_2$ 溶液をゆっくり滴加する。 塩化バリウムの予想必要量近くになったら，滴下をやめて沈殿を沈下させる。 上澄み液に塩化バリウム溶液を滴加し，新しく白色沈殿が生ずるか否かをみる。[†5]
↓	
沈殿の熟成	沈殿の入っているビーカーを湯浴上で 1 ～ 2 時間温めて結晶を大きく成長させる
↓	
沈殿のろ過	目の細い定量用ろ紙，例えば，東洋ろ紙　No.5C（ろ紙灰 0.00009 g）を用いる。 静かに上澄み液をろ紙上に移す（図 2.10 参照）。ビーカーに残った沈殿に約 5 mL ずつ温湯を加えて 2 から 3 回傾斜法で洗浄。[†6]
↓	
沈殿の洗浄 [†3]	毎回約 5mL ずつ温湯をろ紙上の沈殿に注いでろ液中に塩素イオンが認められなくなるまで 3 から 4 回洗浄する。
↓	
沈殿をるつぼに移す	ろ過，洗浄後の沈殿をろ紙で包むようにしてあらかじめ恒量にしたるつぼに移す。
↓	
沈殿の灰化 [†4]	金網上にるつぼをのせ，小さな炎で乾燥する。 以下 2.3§7 の一般操作法に準じて，ろ紙の炭化，灰化，強熱，冷却，ひょう量し，さらに，これらの操作を繰り返して恒量にする。
↓	
ひょう量	灰化後のるつぼをデシケーター中に入れて室温まで冷ましたのち，電子天びんで 0.1 mg の桁まではかる。

〔†1〕 実験時間が短いときには，あらかじめ $CuSO_4\cdot 5H_2O$ 30 g を上皿天びんでとり，電子天びんで秤量し，0.6 mol/L-HCl を加えて 1 L とした溶液（SO_4^{2-} の濃度既知）を調製しておく。この溶液を全量ピペットで 10 mL 分取し，300 mL のビーカーに入れ，メスシリンダーで水 140 mL を加え分析試料溶液とする。

〔†2〕 100 mL ビーカーに約 15 mL の 0.2 mol/L-$BaCl_2$ をとり，軽く沸騰するまで加熱。

〔†3〕 0.01 mol/L-$AgNO_3$　1 ～ 2 滴加えても白濁しなくなるまで洗浄する。

〔†4〕 ろ紙が完全に灰化する前に，すなわち，ろ紙が炭化して炭素となって存在している時，沈殿を強熱すると，次のように還元反応が起こり，沈殿の一部が還元される。

$$BaSO_4 + 4C \rightarrow BaS + 4CO$$

ろ紙の灰化が完全に終わってから強熱しなくてはならない。還元反応が起こっていると思われるときは，るつぼを冷却し，6 mol/L-HNO_3 2 滴と 6 mol/L-H_2SO_4 1 滴を加え，弱い炎で徐々に加熱し，白煙が出なくなったのち強熱する。

〔†5〕 硫酸銅（II）五水和物の結晶を 0.3000 g（1.2 ミリモル）とったとすれば，0.2 mol/L-$BaCl_2$ を約 6 mL 加えればよい，というように 0.2 mol/L-$BaCl_2$ の必要量を推算する。塩化バリウム溶液を滴下しても新しく沈殿が生じなくなるまでこの操作を繰り返す。

〔†6〕 ゴム管付ガラス棒のゴム管部分でビーカー壁に付着している沈殿をこすり落とす（図 2.11 参照）。沈殿を全部ろ紙上に移す。

§4　実験結果の記録

次式より硫酸根の重量を計算する。

$$硫酸根の質量\ (g) = 沈殿質量\ (g) \times \frac{SO_4}{BaSO_4} = 沈殿質量\ (g) \times \frac{96.06}{233.40}$$

$$= 沈殿質量\ (g) \times 0.4115 \quad \cdots\cdots\cdots\cdots\ (実験値\ \ A)$$

硫酸銅(II)五水和物中の硫酸根の理論値と実験値との誤差（%）を計算する。

$$硫酸銅五水和物中の硫酸根の含有率\ (\%) = \frac{A}{はかり取量(g)} \times 100 \quad \cdots\cdots\ (実験値\ \ B)$$

$$\frac{SO_4}{CuSO_4\cdot 5H_2O} \times 100 = \frac{96.06}{249.68} \times 100 = 38.47(\%) \quad \cdots\cdots\cdots\cdots\ (理論値\ \ C)$$

$$理論値と実験値との差\ (\%) = \frac{B-C}{C} \times 100$$

2.5 硫酸銅(II)五水和物の4分子の結晶水の定量

§1 要旨と注意

硫酸銅(II)五水和物の結晶を110～115℃の定温乾燥器中で加熱し，減少する重量を測定し，減量を全部水分として計算し，4分子の結晶水を定量する。したがって，この方法は気体発生を伴う間接定量法である。

硫酸銅(II)五水和物の結晶水の段階的熱分解は次のようであることが知られている。

$$CuSO_4 \cdot 5H_2O \xrightarrow{100\sim115℃} CuSO_4 \cdot H_2O \xrightarrow{218℃} CuSO_4$$

〔注1〕硫酸銅(II)五水和物を入れるるつぼは，あらかじめ約115℃の定温乾燥器中に並べて約3時間加熱して恒量にし，デシケーターに入れておくと実験が早く終わる。測定前と終了後るつぼの重量を測定する。

〔注2〕定温乾燥器の温度計の先端の水銀だめと試料とはなるべく接近させておく。

〔注3〕$CuSO_4 \cdot H_2O$ は吸湿性が大変強いから，ひょう量は迅速にする。

〔注4〕前回の実験時間に硫酸銅(II)五水和物をるつぼにはかり取るときは，当日の実験開始前約3時間前から試料の入っているるつぼを約115℃の定温乾燥器中に置き，授業の始めにるつぼをデシケーター中に移すのがよい。実験の説明が終る頃には冷却している。

§2 器具と試薬

電気定温乾燥器，硫酸銅(II)五水和物の結晶（特級）$CuSO_4 \cdot 5H_2O$（式量249.68)。磁製乳ばち，乳棒その他の器具は2.4硫酸根の定量に用いたものを使用する。

§3 実験操作

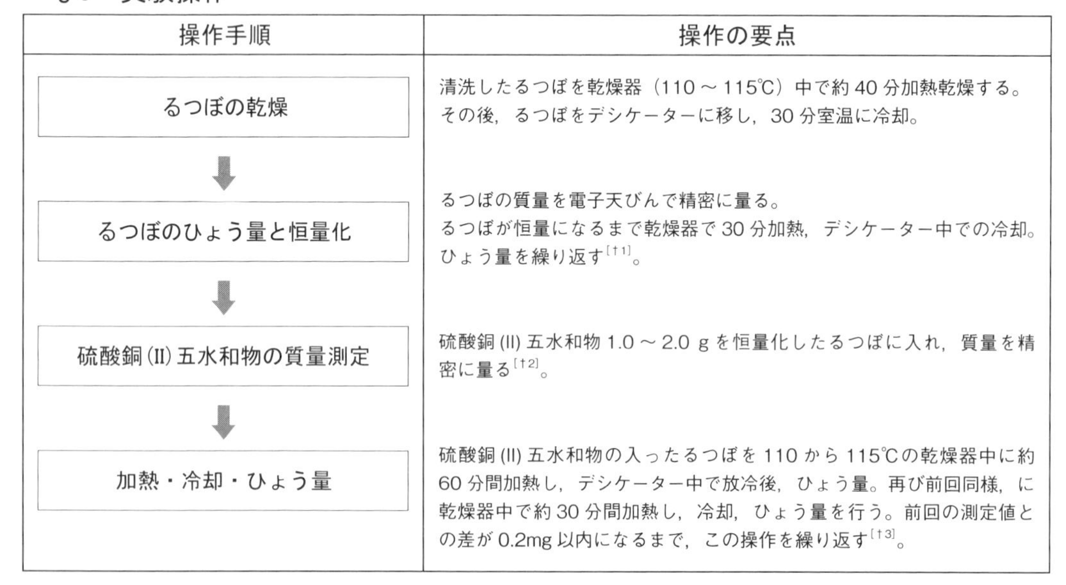

操作手順	操作の要点
るつぼの乾燥	清洗したるつぼを乾燥器（110～115℃）中で約40分加熱乾燥する。その後，るつぼをデシケーターに移し，30分室温に冷却。
↓	
るつぼのひょう量と恒量化	るつぼの質量を電子天びんで精密に量る。 るつぼが恒量になるまで乾燥器で30分加熱，デシケーター中での冷却。ひょう量を繰り返す[†1]。
↓	
硫酸銅(II)五水和物の質量測定	硫酸銅(II)五水和物1.0～2.0 gを恒量化したるつぼに入れ，質量を精密に量る[†2]。
↓	
加熱・冷却・ひょう量	硫酸銅(II)五水和物の入ったるつぼを110から115℃の乾燥器中に約60分間加熱し，デシケーター中で放冷後，ひょう量。再び前回同様，に乾燥器中で約30分間加熱し，冷却，ひょう量を行う。前回の測定値との差が0.2mg以内になるまで，この操作を繰り返す[†3]。

〔†1〕 恒量：るつぼの重量変化がプラス･マイナス 1 mg 以内。
〔†2〕 硫酸銅（II）五水和物はあらかじめ，めのう乳鉢などで破砕したものを用いる。
〔†3〕 注3に記した理由で，室内の温度が高い時は，前回の測定値との差が 1 mg 以内になったら恒量になったとして実験を終わってもよい。

§4　実験結果の記録

例えば，次のように記録する。

$$\text{硫酸銅(II)五水和物の4分子の結晶水（\%）} = \frac{\text{加熱による減少重量（g）}}{\text{供試料の重量（g）}} \times 100$$

$$\text{4分子結晶水の理論値（\%）} = \frac{4H_2O}{CuSO_4 \cdot 5H_2O} \times 100 = \frac{18.02 \times 4}{249.68} \times 100 = 28.87$$

$$\text{理論値と実測値との誤差（\%）} = \frac{\text{理論値(\%)} - \text{実測値(\%)}}{\text{理論値(\%)}} \times 100$$

図 2.13　電気定温乾燥器
（株式会社ソーキ）

2.6　吸光光度分析法

§1　基礎事項

吸光光度法は，試料溶液に適当な試薬を加えて反応により目的成分を着色生成物に変換し，その色調と呈色の強さを測定して目的成分量を決定する分析方法である。

溶液の視覚的色調は，溶液によって吸収された可視光線の補色である。可視部における光の波長と色の関係を表 2.1 に示す。

表 2.1　可視光の波長と色との関係

波長範囲（nm）＊	視覚的色	補　色	波長範囲（nm）＊	視覚的色	補　色
750 ～ 800	紫　赤	緑	500 ～ 560	緑	紫　赤
610 ～ 750	赤	青　緑	490 ～ 500	青　緑	赤
595 ～ 610	だいだい	緑　青	480 ～ 490	緑　青	だいだい
580 ～ 595	黄	青	435 ～ 480	青	黄
560 ～ 580	黄　緑	紫	400 ～ 435	紫	黄　緑

＊ $1\ \mathrm{nm} = 10^{-3}\ \mu\mathrm{m} = 10^{-6}\ \mathrm{mm} = 10^{-7}\ \mathrm{cm} = 10\ \text{Å}$

溶液の色とその濃さを測定するということは，視覚的色の補色の波長の光の吸収程度を測定することになる。プリズムまたは回折格子で波長を選択し，その波長の光の吸収による強度変化をホトマル等で電流の強弱にかえて測定する分光光度計が広く用いられている。

吸光光度法の特長は，$10^{-3} \sim 10^{-5}$ mol / L 程度の微量成分を迅速に，相対標準偏差 1 ～ 2 %程度の精度で定量できることである。

図 2.14　分光光度計

§2　原　　理

図 2.15 に示すように，溶液濃度 C，液層の厚さ（光路長）l である溶液に強さ I_0 の光が入射し，通過したのちの強さを I とすると，一定の条件下では次式のような関係がある。

$$\log \frac{I_0}{I} = A = \quad \varepsilon l C$$

$\log \dfrac{I_0}{I}$ を吸光度（A で示す）と呼ぶ。この式によれば吸光度が溶液濃度 C と溶液層の厚さ l に

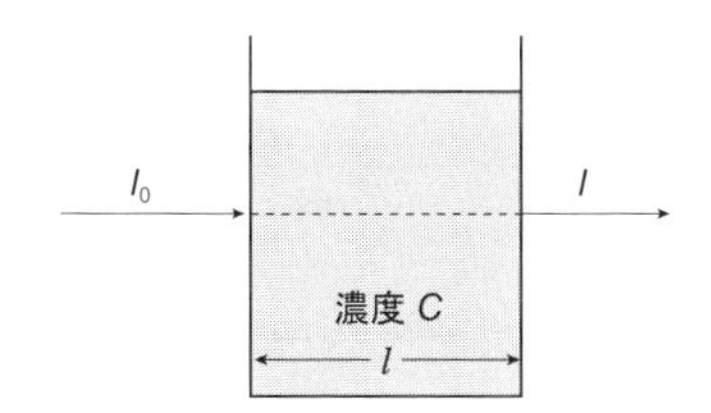

図 2.15 着色溶液による光の吸収

比例することを示しており，このような関係をランベルト - ベール（Lambert-Beer）の法則と呼んでいる。

溶液層の厚さ l を 1 cm, 溶液濃度 C を 1 mol / L としたときの比例定数 ε をモル吸光係数という。モル吸光係数は呈色物質の吸収特性を示すもので光の波長，溶液の種類，温度に関係する定数である。あらかじめ測定対象となる目的成分の濃度を段階的に変えた複数の濃度既知の溶液（標準溶液と呼ぶ）の特定波長における吸光度を測定し，濃度対吸光度の関係を求めておく。この関係グラフを検量線といい，Beer の法則により直線関係が得られ，この直線の傾きがモル吸光係数となる。同一波長における試料溶液の吸光度測定値を検量線の関係式に当てはめることにより目的成分の濃度が決定できる。

§3 バナジウムの吸光光度定量

(1) 要　旨

酸性溶液中で VO_3^- が過酸化水素と反応して赤褐色に呈色することを利用してバナジウムを吸光光度法により定量する。

既知濃度のバナジウム(V) 溶液に過酸化水素水を加えて発色させ，分光光度計を用いてこの溶液の吸収曲線を作成し，極大吸収波長を確かめる。濃度の異なる一連のバナジウム (V) 溶液に過酸化水素水を加えて同様に発色させ，極大吸収波長での吸光度を測定して検量線を作成する。

未知濃度のバナジウム (V) 溶液を検量線作成と同じ条件で発色させ，同じ波長で吸光度を測定し，作成した検量線を用いて試料溶液中のバナジウム (V) の濃度を求める。

吸収曲線と検量線の一例を図 2.16，図 2.17 に示す。

図 2.16 に見られるように発色溶液の極大吸収波長は 450 nm 付近にある。この吸収曲線と表 2.1 から，この溶液が橙黄色に見えることが理解される。

450 nm 以外の波長でも分析はできるが，この溶液の場合は 450 nm の波長を用いて測定することにより，最も感度がよく（単位濃度当たりの吸光度が最も大きい)，微量のバナジウム (V) の定量に適している。

(2) 器具と試薬

器具は下記のものを用いる。試薬はいずれも特級品, 調製法については 6 mol/L-H_2SO_4 は表 1.2, 3 % H_2O_2 は表 1.3 参照。

メタバナジン酸ナトリウム ($NaVO_3$) 標準溶液。約 1 g の $NaVO_3$ を精密にひょう量し，水に溶かして 1 L にする。正確な濃度を計算し，表示する。$NaVO_3$ の分子量は 121.94，V の原子量は

50.94 である。

器具または試薬	規　格	器具または試薬	規　格
分光光度計		洗ビン	250 mL
メスピペット	検定証印付　2 mL	光度計用試験管	10 mm × 10 mm 角型
メスピペット	検定証印付 10 mL	ピペット台	
全量フラスコ	25 mL	試験管立	
メスシリンダー	50 mL	ろ　紙	
ビーカー	100 mL		

(3) 吸収曲線の作成

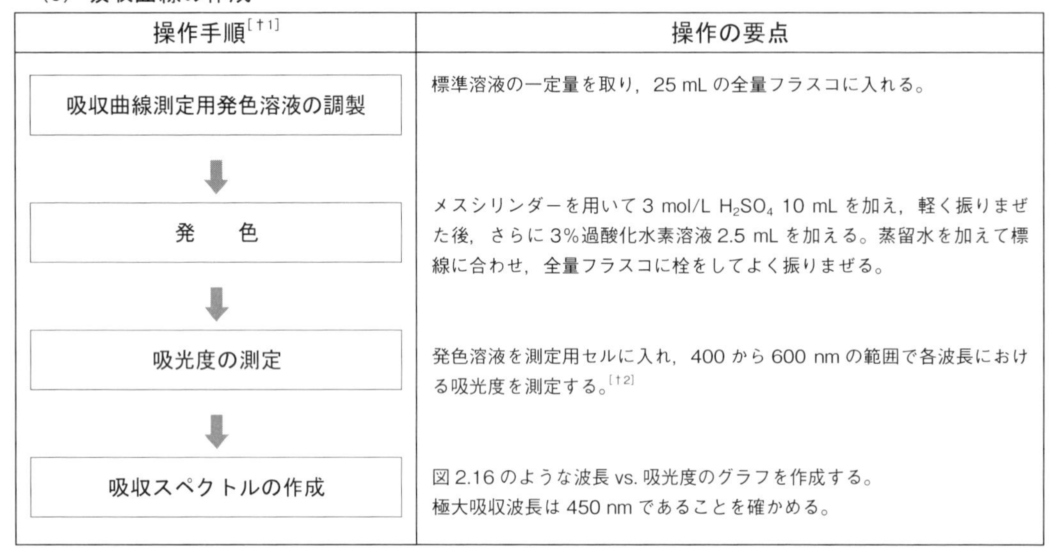

操作手順[†1]	操作の要点
吸収曲線測定用発色溶液の調製	標準溶液の一定量を取り，25 mL の全量フラスコに入れる。
↓ 発　色	メスシリンダーを用いて 3 mol/L H_2SO_4 10 mL を加え，軽く振りまぜた後，さらに 3%過酸化水素溶液 2.5 mL を加える。蒸留水を加えて標線に合わせ，全量フラスコに栓をしてよく振りまぜる。
↓ 吸光度の測定	発色溶液を測定用セルに入れ，400 から 600 nm の範囲で各波長における吸光度を測定する。[†2]
↓ 吸収スペクトルの作成	図 2.16 のような波長 vs. 吸光度のグラフを作成する。 極大吸収波長は 450 nm であることを確かめる。

〔†1〕 実験では作成しなくてよい。

〔†2〕 10 ～ 20 nm 間隔で波長を変えて吸光度を測定し，極大吸収波長の前後では，より短い波長間隔で測定する。

(4) 検量線の作成

操作手順	操作の要点
検量線作成溶液の調製	メスピペットを用いて濃度既知のメタバナジン酸ナトリウム標準溶液 2.00，4.00，6.00，8.00，10.00 mL を，各全量フラスコに分取し，それぞれ (3) 吸収曲線作成と同様に操作して発色させる。
↓ 吸光度の測定	この発色溶液について水を対照液として 450 nm における吸光度を測定する。
↓ 検量線作成	バナジウムの濃度と吸光度の関係をグラフに記入する（図 2.17）。[†1]

〔†1〕 図 2.17 には目盛に数値が記入してないが，各自が作成したグラフには濃度と吸光度目盛に（横軸，たて軸）に数字を記入する。得られた直線を検量線という。バナジウムの濃度が高くなると検量線は直線からはずれ，一般的にも高濃度域では曲線となることが多い。

（5）未知試料の分析

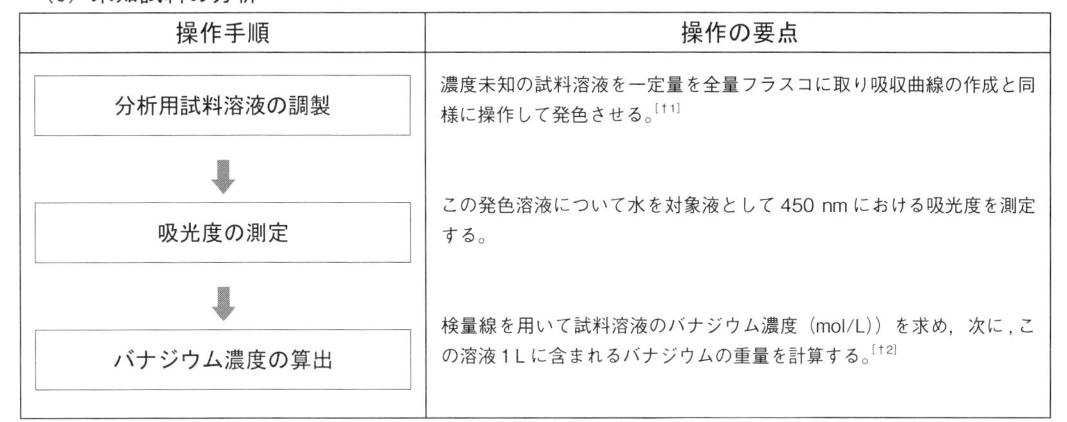

操作手順	操作の要点
分析用試料溶液の調製	濃度未知の試料溶液を一定量を全量フラスコに取り吸収曲線の作成と同様に操作して発色させる。[†1]
↓	
吸光度の測定	この発色溶液について水を対象液として 450 nm における吸光度を測定する。
↓	
バナジウム濃度の算出	検量線を用いて試料溶液のバナジウム濃度（mol/L））を求め，次に，この溶液 1 L に含まれるバナジウムの重量を計算する。[†2]

〔†1〕 測定精度が良くなるように，吸光度が 0.3 ～ 0.6 くらいになるように試料溶液の使用量を加減する。
〔†2〕 図 2.16 の吸収曲線より 450 nm におけるモル吸光係数を求め，自分の実験結果より求めたモル吸光係数と比較する。

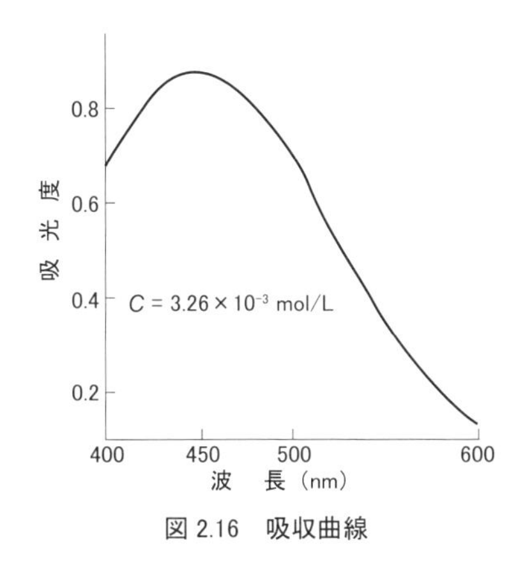

図 2.16　吸収曲線

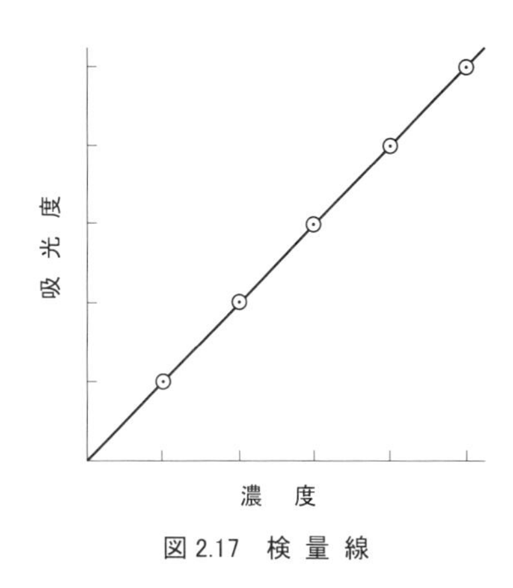

図 2.17　検 量 線

3 容量分析

3.1 総　説

容量分析は重量分析と共に古くから重要な分析法として広く活用されている。容量分析では，正確な濃度既知の標準溶液をビュレットから滴下し，被滴定液溶中の目的物質との化学反応が完結するまでに要した溶液の容積を測定し，当量関係を用いて目的物質の量を求める方法である。ビュレットから溶液を滴下する操作を滴定（titration）という。

容量分析は，操作が簡単で分析所要時間が短いので数回測定を行い，精度の良い結果を得やすいことも有利な点である。

容量分析で用いる滴定反応は，次の条件を満たすものでなければならない。

① 反応が定量的に進行する。

② 反応速度が相当に大きい。場合によっては，加熱または触媒の使用によって容量分析に適用できる程度に反応速度を大きくすることができる。

③ 反応の終点を知る方法がある。指示薬の色の変化，沈殿の生成または溶解，電気伝導度あるいは電位の変化などにより終点を識別し得る反応である。

容量分析は滴定反応の種類によって中和滴定法，酸化還元滴定法，沈殿滴定法，錯化滴定法（キレート滴定法）などに分類される。

学生実験では同時に多人数の実験を実施することを想定して，実験書には毎回の滴定に標準溶液 10 ～ 25 mL を用いるように書いてあるが，3.2 に述べる理由により，分析精度を高める必要があるときには，毎回の滴定に約 40 mL の標準溶液を滴下するように修正して実験を行う。

§1　溶液濃度

容量分析においては，濃度既知の標準溶液を用いる。溶液濃度の表示法を明確にしなければならない。

(1) 質量百分率（%）

溶液 100 g 中の溶質のグラム数で表した濃度である。この表示法は，塩酸，アンモニア水など市販の酸や塩基の濃度を示すのにしばしば用いられる。

(2) モル濃度 (mol/L)

溶液1Lに溶解している溶質の物質量 (mol) で表した濃度である。Mをモル濃度 (mol/L), nを全物質量, VをL単位の体積とすると

$$M = \frac{n}{V}$$

したがって, $n = M \times V$となる。

物質の種類に関係なく, 1 mol中には6.02×10^{23}個の分子, 原子またはイオンを含む。

A溶液の溶質Aの濃度をM(mol / L), 体積をV(L) とし, B溶液の溶質Bの濃度をM'(mol / L), 体積をV'(L) とする。

$M \times V = n$ (Aの物質量)　$M' \times V' = n'$ (Bの物質量)

$M \times V = M' \times V'$の場合は, $n = n'$であり, A, B両溶液は溶質の種類にかかわらず同数の分子, 原子またはイオンを含む。

§2　当量点と終点

滴定液と被滴定液が$a : b$の物質量比で反応する場合, 滴定液と被滴定液の濃度をそれぞれM(mol / L), およびM'(mol / L), 被滴定液の体積をV' mLとし, 滴定反応が完結するまでに滴定液をV mL要したとすると, 次の関係が成立する。

$$M \times \frac{V}{1000} \times b = M' \times \frac{V'}{1000} \times a$$

ちょうどV mLを加えたとき当量点に達したという。当量点を知るため指示薬法, 電気化学的な方法, 光学的な方法などを利用する。例えば, 指示薬を用いる容量分析においては, 指示薬の色が急激に変わる点を滴定の終点とする。理論的な当量点と実際の終点とが一致することが理想であるが, 指示薬の性質などのために厳密には一致しないのが普通である。指示薬の選択, 指示薬空試験の併用, 実験条件の工夫などにより, 両者が一致するように努める。

M'が未知濃度であるとすると, 滴定によって得られたVの値と上記の関係式からM'を決定することができる。

$$M' = M \times \frac{V}{V'} \times \frac{b}{a}$$

※ 規定濃度 (N)

溶液1L中に溶解している溶質のグラム当量数で表した濃度である。最近ではほとんど用いられなくなったが, 当量という考え方は反応の量的関係を理解するうえで有用な面もあるので記載しておく。

HCl　1 molは水酸化ナトリウム1 molと定量的に反応するから, 互に当量であるという。1グラム当量＝化学式量 (g) ÷価数, である。酸‐塩基反応では水素イオン1.008 g(1グラム原子) を供給し, またはこれと定量的に反応する物質の質量をグラム単位であらわしたものを1グラム当量と定義する。

硫酸1 mol (98.08 g) は水素イオン2 mol (2.016 g) を供給するから, 2グラム当量である。硫酸の1グラム当量は, 98.08 g / 2 = 49.04 gである。

酸化剤については, 電子1モルの授受に対応する還元剤, 酸化剤の式量 (当量) にグラムをつけた量をそれぞれの1グラム当量という。

§3 体積計と使用上の注意

溶液の体積計として使用するものは全量フラスコ，ピペット，ビュレット，メスシリンダーなどが主なもので，通常はガラス製であるが，全量フラスコ，ピペット，およびメスシリンダーにはプラスチック製のものもあり，用途に応じて使い分ける。ガラス体積計には標線まで（あるいは目盛りまで）液を入れた時の体積が表示された体積となるもの（受用という）と，標線まで（あるいは目盛りまで）入れた液を流し出した時，その液量が表示体積となることを示すもの（出用という）とがあって，それぞれTCおよびTDと表記されている。一般的には，全量フラスコやメスシリンダーなどは受用で，全量ピペット，メスピペットやビュレットは出用である。

ガラス体積計の規格はJIS R3505(1994)に規定されている。体積計には許容誤差の大きさによってクラスA（高精度用），およびクラスB（クラスAの約2倍の許容差）があり，それぞれの等級がAまたはBなどの記号で表示されている。クラスAの体積計の許容誤差（一部省略）をまとめて表3.1に示す。普通の実験には市販品をそのまま使用してさしつかえないが，特に精密な実験をするときには，各自補正をする。ガラスも溶液も温度の変化に伴い体積が変化するので，20℃の標準温度における体積に換算するのが普通である（3.2§4(3)参照）。

表3.1　ガラス体積計の体積許容差（クラスA）[*1]

	体積計の呼び容量（mL）									
	0.5	1	2	5	10	20	25	50	100	250
ビュレット（活栓付）										
（許容差　mL）		± 0.01	± 0.01	± 0.01	± 0.02		± 0.03	± 0.05		
メスピペット										
（許容差　mL）	± 0.005	± 0.01	± 0.015	± 0.03	± 0.05	± 0.1	± 0.1	± 0.2		
全量ピペット[*2]										
（許容差　mL）	± 0.005		± 0.01	± 0.015	± 0.02	± 0.03	± 0.03	± 0.05	± 0.08	
全量フラスコ										
（許容差　mL）				± 0.025	± 0.025	± 0.04	± 0.04	± 0.06	± 0.1	± 0.15
メスシリンダー										
（許容差　mL）				± 0.1	± 0.2	± 0.2	± 0.25	± 0.5	± 0.5	± 1.5

*1　JIS R 3505-1994

*2　全量ピペットの場合には，呼び容量以下の体積計の許容差である。

(1) ガラス体積計の洗浄

体積計に脂質が付いているときは水滴が壁に付着し，誤差のもとになる。このようなときには，せっけん水や合成洗剤または石油ベンジン，ベンゼン，アルコールなどで洗う。体積計はさらに水洗して室温で乾燥する。

体積計に熱水を入れたり，加熱乾燥してはならない。加熱によって一度膨張したガラス容器は数ヵ月後でないともとの容積に復しないとされている。

(2) 全量フラスコ

図3.1に1例を示す。各種の体積のものがある。標準溶液を調製するときに使われる。目の高さを加減して，標線の前部と後部が重なって一直線に見えるようにし，液を静かに流し入れて液面底部の半円形の下端（メニスカス）を標線に合わせる。

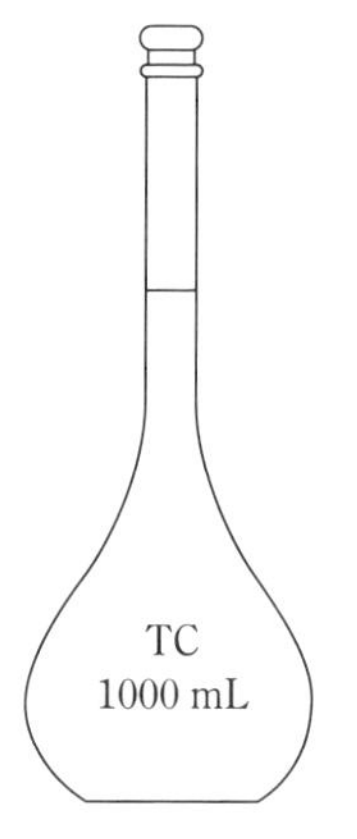

図3.1　全量フラスコ

(3) ピペット

一定体積の液体を正確に分取するときに用いるものである。図3.2(1)(a)は全量ピペット(ホールピペットとも呼ぶ)で，標線まで液体を吸い上げて，流し出したとき，液体は表示の体積になっている。最も正確でよく用いられるものである。図3.2(1)(b)は駒込ピペットで，目盛りはおおよその目安を示すにすぎないが，定性分析にはよく用いられる。少量の液を分取するのに便利である。図3.2(1)(c)はメスピペットで，任意の液量をとるのに用いられる。精度は全量ピペットよりもやや劣るが，駒込ピペットよりも優れている。

試料溶液が多量にあるときは，試料溶液を少量ずつ吸い上げて2～3回洗い，洗液を捨てる。溶液の吸い上げには駒込ピペットを除く他のピペットで，図3.2(2)に示すような安全ピペッターなどを用い，口で吸ったりしない。

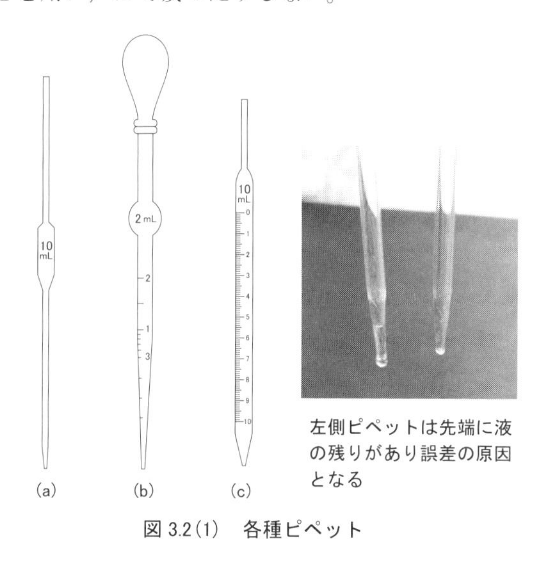

図3.2(1)　各種ピペット

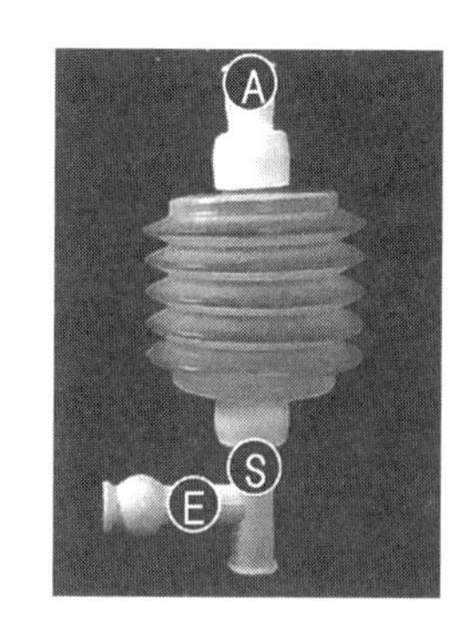

図3.2(2)　安全ピペッターの使い方

安全ピペッターとピペットの使い方を以下に示す。

(a)　ピペッターの下部(SとEのボタンがある方)の穴にピペットを差し込む。この時，必ずピペットは差し込み口に近い部分を持つこと(遠いところを持つと，ピペットが折れやすく危険である)。

(b)　Aのボタンを押しながら，球を押してへこませる。

(c)　溶液にピペットの先を底まで浸け，Sのボタンを軽く押しながら，ピペットの標線より約2 cmぐらい上まで溶液を吸い上げる。

(d)　ピペットを垂直に保ち，標線と目の高さを一致させ，Eのボタンを軽く押しながら液面を徐々に降下させ(この時，ピペットの先端は溶液が入っている容器の壁につけておく)，液面の(メニスカス)が標線に合ったとき液の流出を止める。

(e)　ピペットの先を受器の壁につけて，再び，Eのボタンを軽く押しながら液面を徐々に降下させピペット内の溶液を流しだす。流し出した後に若干の液が先端に残る。この残液の処理方法に3通りあるが，一連の実験では，一定の処理法で行わなければならない。口で吹いて出すのは良い方法ではない。

①　ピペットを垂直に保ち，先端を受器の内壁にあてながら自然に流し出し，残液はそのまま

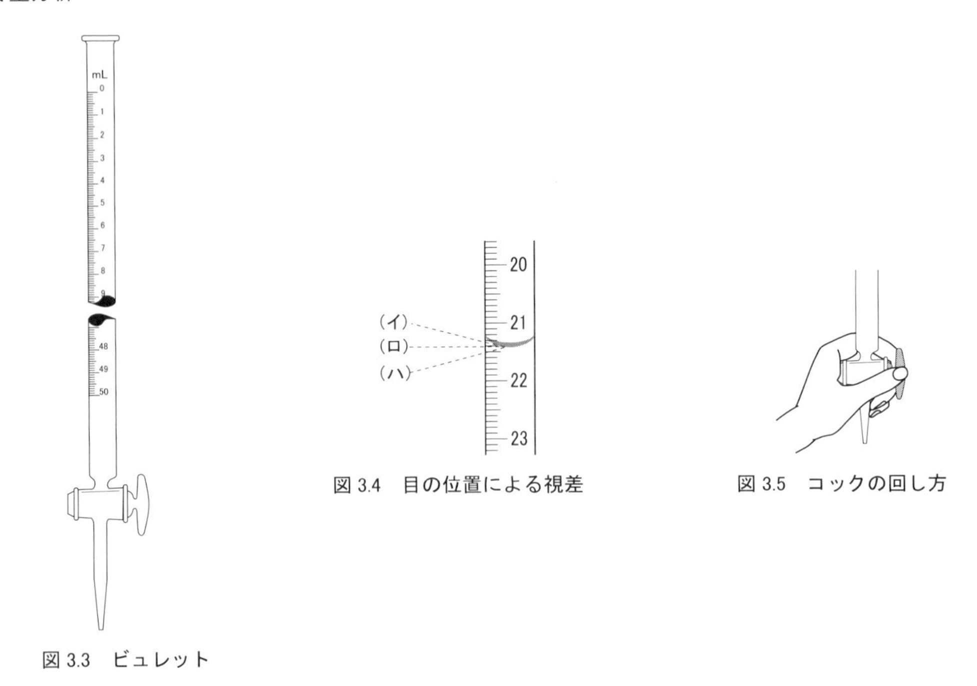

図 3.3　ビュレット

図 3.4　目の位置による視差

図 3.5　コックの回し方

残しておく。

② 安全ピペッターのEのボタンの横にある穴を指でふさぎ，Eのボタンを押しながら，Eボタン近くの小さい球を押す。ピペットの先に少し残っている溶液がすべて押し出される。

③ ①と同様に液を流出させた後，Sのボタンから指を離し（安全ピペッターからピペットを外した場合は，ピペット上端を右手の人指し指で押え），左手でピペット中央の脹らんだ部分を握り，空気を温めて残液の一部を押し出す。先端に液が少量残るが，そのままにする。

(4) ビュレット

一様な内径のガラス管に目盛りを付けたもので，溶液の滴下量を正確に測定するための器具である。図 3.3 に示したビュレットはガラスのコックが付いているが，アルカリ溶液を入れるビュレットには，ガラスのコックの代わりにテフロン製コック（活栓）が使われる。普通 50 mL のものが用いられ，0.1 mL ごとに目盛りが付いている。最小目盛り間は目測で読み 0.01 mL まで読みとる。

図 3.4 に示すように，目の位置が（イ），（ロ），（ハ）と違えば溶液下端の位置が同一であっても読みとる目盛りに視差を生じる。メニスカスと水平である（ロ）の位置に目があるようにして読むのがよい。

ガラスのコックの場合は，漏れを防ぐためにコックにワセリンを塗る。コックを抜き，水分をふき取り，ワセリンを少量塗って挿し込み，回転したとき透明に見えるようになるのを限度とする。ワセリンを必要以上に塗り過ぎるとコックの孔やビュレット下部の細管をふさぎ，不都合なことになる。ただし過マンガン酸カリウム溶液の時はワセリンを塗らない。

ビュレットに溶液を入れるのには溶液を 100 mL のビーカーに入れ，ビュレットに流し入れるのがよい。ロートを用いたときは，ロートを取り去ってから滴定する。ビュレットに液を入れたとき，コックの下に気泡が残ったら，コックを全開し，液を流出させて気泡を除く。

滴定をするときは，左手でコックを握るようにしておや指，人指し指，なか指でコックを回す(図3.5)。右手で受器を持って振りまぜる。

コックが共通摺合せでないときは，コックに木綿ひもをつけてビュレットに結び付けておく。使用後は，水洗し，コックを抜き，逆さにしてビュレットスタンドに固定しておく。長期間使用しないときにはコックに紙を巻いてコック穴に挿し込んでおく。

(5) メスシリンダー

メスシリンダー（図3.6）は，おおよその液量を手軽に測るためのものであり，精密な定量分析に使ってはならない。ガラス製のものとポリエチレン製のものがある。それぞれの用途によって使いわけをする。

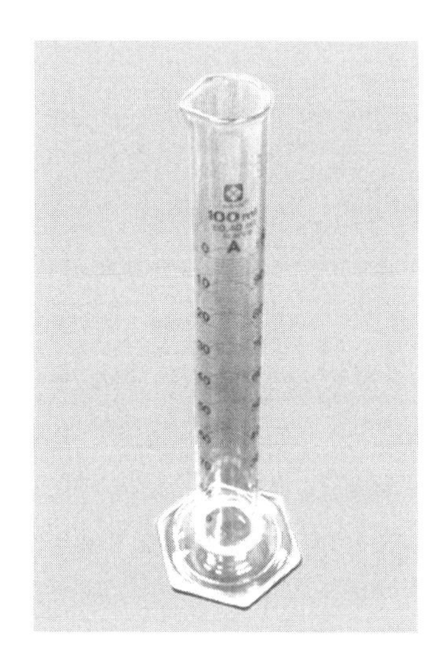

図3.6　メスシリンダー

3.2 誤差と測定値の取り扱い

誤差と測定値の取り扱いの問題は，容量分析だけではなく，総ての定量分析を行うとき，常に考えていなければならないことであるが，本書では容量分析に例をとり，ここで述べることにする。

§1 誤　差

測定値にはいろいろな原因による誤差が伴う。実験者の操作及び実験条件の変動，装置の性能限度などによる偶然誤差と器具の不正，試薬の不純，測定方法の不適当などに基づく系統誤差がある。偶然誤差は注意によって小さくすることはできるが，全くなくすことはできない。系統誤差は工夫することによって除くことができる。系統誤差は真の値と測定値の平均値との一致の程度，すなわち正確さ (accuracy) を左右する。偶然誤差は個々の測定値の平均値よりの偏差，またはバラツキ，すなわち精度 (precision) を支配する。

§2 平均値，正確さ，精度

測定が注意深くなされ，すべての測定値が等しい信頼度をもつものであるときは，全測定値の算術平均が最も合理的な値である。

正確さは真の値が知られているときだけ求められ，測定値と真の値との差を真の値で割って100をかけた相対誤差で表す。

精度の表示法には，標準偏差，平均偏差，範囲などがあるが，標準偏差が多く用いられる。個々の測定値を x_i，平均値を $\bar{x}$，測定数を n とすれば標準偏差 σ は次式で示される。

$$\sigma = \sqrt{\frac{\Sigma(x_i - \bar{x})^2}{n-1}}$$

測定値の分布が正規分布曲線を示すとき，$\bar{x} \pm \sigma$ の範囲内に測定値の68.3%が含まれる。標準偏差が小さいほど精度がよいことを示す。各測定値の差が大きくなければ5回ぐらいの測定値から標準偏差を求めてもよい。

実験結果の報告には平均値を用いるのが普通であるが，測定値のバラツキ程度もわかるように，標準偏差を書きそえることが望ましい。

§3 飛びはなれた測定値の処理（Q 検定）

一群の測定値のなかには飛びはなれた値が現れることがしばしばある。自分の結論に都合が悪いからといって勝手に捨てることはよくない。次のことを考えて処理する。

(1) 実験器具，薬品，操作などを検討して明らかな誤差の原因がわかったときは，その飛びはなれている測定値を捨てる。

(2) 明白な誤りがなければ，次の例に示す手順によって Q 検定をする。水酸化ナトリウム溶液の濃度を測定して次の結果を得た。

0.1016，0.1020，0.1014，0.1012 (mol/L)

これらの測定値のうち 0.1020 mol/L は他の値より飛びはなれているようにも思われる。捨てるべきか否か。

① 範囲を求める。0.1020 － 0.1012 ＝ 0.0008　(1)

② 飛びはなれていると思われる値とそれに最も近い値との差を計算する。

0.1020 － 0.1016 ＝ 0.0004　(2)

③ (2) ÷ (1)　0.0004 ÷ 0.0008 ＝ 0.50

④ 信頼度 90%の Q 値表（表 3.2）の n ＝ 4 に対応する Q 値を求める。Q ＝ 0.76 である。③の計算値 0.50 は 0.76 より小さいから 0.1020 mol/L は捨ててはいけない。③の計算値が Q 値より大きいときは，飛びはなれている値は捨てる。

(3) ③の計算値が Q 値より小さいが，疑わしいときには，平均値の代わりに，測定値を小さなものから大きなものへ順次ならべて書き，それらの中央の値（メジアン）を用いてもよい。

表 3.2　測定値の排除係数表（信頼度 90%）

(n) 測定値の数	3	4	5	6	7	8	9	10
Q　値	0.94	0.76	0.64	0.56	0.51	0.47	0.44	0.41

§4　容量分析における誤差の原因

容量分析における誤差の原因となる主なものについて述べる。

(1) 容器表示

体積計は JIS R 3505(1994) 規格で許容差内の誤差はあるものと考えられる。許容差の例をあげれば，10 mL 全量ピペットでは± 0.02 mL，50 mL のビュレットでは± 0.05 mL，100 mL の全量フラスコでは± 0.1 mL である。より詳しい許容差については表 3.3 を参照されたい。

精密な実験をする時には各自使用器具の補正を行う。補正をすれば 0.1%以下の誤差とすることができる。

(2) 実験操作

実験操作の不一定，例えば，ピペットから溶液を流出させた残液の処理方法は 3 通りあるが，常に一定の方法で行わなければ 0.04 mL 程度の誤差が生じる。ビュレットの 1 滴は 0.02 ～ 0.05 mL である。また，1 滴落とすと次の液滴がふくらむ。これも誤差になる。10 mL を滴下する時 1 滴の違いは 0.2 ～ 0.5%の誤差となる。滴定の終点近傍においては 1 滴落とさないで，ビュレットの先端に液滴をふくらませ，1 滴の半分ぐらいの大きさになったときコックを閉じて，液滴をビーカー内壁につけると誤差が小さくなる。液面を見るときの目の位置が液面のメニスカスと水平でないと視差による誤差を生じる。

(3) 温度変化

わが国では標準温度を 20℃として体積を表示している。したがって，20℃以外の温度では，表示と違う体積となる。温度による補正をしなければならない。温度補正表にはいろいろあるが，例えば，表 3.3 のようなものを用いる。

表 3.3 0.1 mol/L 以下の滴定用溶液 1000 mL に対する温度における補正値［JISK8001(2009)］

温　度（℃）	5	6	7	8	9	10	11	12	13	14	15
補正値（mL）	＋1.61	＋1.60	＋1.57	＋1.53	＋1.47	＋1.40	＋1.31	＋1.22	＋1.11	＋0.98	＋0.85
温　度（℃）	16	17	18	19	20	21	22	23	24	25	26
補正値（mL）	＋0.70	＋0.54	＋0.37	＋0.19	0.00	−0.20	−0.41	−0.63	−0.86	−1.10	−1.35
温　度（℃）	27	28	29	30	31	32	33	34	35		
補正値（mL）	−1.61	−1.88	−2.15	−2.44	−2.73	−3.03	−3.34	−3.65	−3.97		

表 3.3 は各温度で 1 L と表示してある全量フラスコの標線まで入れた溶液量を 20℃の標準温度における体積に換算するために加える数値を示す。20℃以外の温度で実験したとしても，一群の実験を同一温度ですれば温度補正はしなくてよい。標準溶液の調製を 17℃で行い，24℃で 35.10 mL を使用したとすれば，17℃における換算使用量は次のように計算する。

$$35.10 - (0.54 + 0.86) \times \frac{35.10}{1000} = 35.05\,(\mathrm{mL})$$

(4) 後流誤差

液体を流下させるとき器壁に液体が付着していくらか残り，それがしだいに落ちてくる。ビュレットで滴定するとき，多量の液を短時間に流出させてコックを閉じ，液面を見ていると液面が次第に上昇する。流出速度は 10 mL を流出させるのに 50 秒内外にする。計量器検定規則で, ピペットの排水時間は 100 mL 以下では 20 ～ 60 秒と規定している。急速な流出は誤差を生じやすい。

§5 誤差の推定

実験結果の精度は，その実験の各操作の精度で決められる。使用する器具機械には測定精度の限界があるので，あらかじめその実験の概略の誤差範囲を試算してみることができる。このことは一連の実験操作の中に大きな誤差を生じる操作があると，全実験の精度は大きな誤差をもつ操作によって支配される。他の操作を精密な誤差の少ない方法で注意深く行っても無意味なものになる。

水酸化ナトリウム標準溶液の標定についての誤差を推算してみる。

一次標準試薬としてフタル酸水素カリウム〔(o-C_6H_4(COOH)(COOK), 式量 204.23)〕を用いる。フタル酸水素カリウム 0.2042 g は 0.1 mol/L 水酸化ナトリウム溶液 10 mL に相当する。水酸化ナトリウム溶液の滴定量を約 40 mL とするにはフタル酸水素カリウムは約 800 mg はかり取らなければならない。

(1) 一次標準試薬の誤差

一次標準試薬の純度は 99.97 %以上である。純度の誤差は 0.3 ppt であるとする。

(2) ひょう量誤差

普通の直示天びんや化学天びんの精度は 0.1 mg である。この天びんのひょう量誤差は 400 mg に対しては 0.25 ppt，800 mg に対しては 0.13 ppt である。精度 0.01 mg の天びんを使用すれば同じ誤差範囲ではかれる量はそれぞれ 40，80 mg となる。はかりビンとはかりビンに標準試薬を入れたときと 2 回ひょう量するから 800 mg はかったときの誤差は 0.2 (mg) ÷ 800 (mg) × 1000 ＝ 0.25 ppt となるが，概数として 0.3 ppt とする。

(3) ビュレットの読みの誤差

50 mLの普通のビュレットの目盛りは0.1 mLであり，精度は0.01 mLである。前後2回読むから，誤差は0.02 mLとなり，滴定に40 mLを要したとすると，誤差は0.5 pptとなる。

精密ビュレットを用いれば誤差を0.005 mL以下にすることができる。

(4) 最終滴下量の誤差

指示薬の色の変化は滴下液の小過剰によって起こる。注意して終点を求めたとしても半滴，約0.02 mL内外の誤差は起こるものと思われる。滴定量を40 mLとすると誤差は0.5 pptになる。

(1)～(4) までの誤差の和は0.3 ＋ 0.3 ＋ 0.5 ＋ 0.5 ＝ 1.6 pptとなる。誤差は＋と－に起こるのであるから，極限範囲は1.6 × 2 ＝ 3.2 pptとなるが，実際には相互に打ち消しあってこの範囲より相当小さくなるのが普通である。容量分析においては0.1 ～ 0.2％程度の誤差は起こるものと考えておくのがよい。

§6 有効数字と計算の規則

(1) 有効数字

実験結果は確実な測定値を表す数字全部と幾分不確実な数字1つを加えた有効数字で表す。例えば，るつぼを直示天びんまたは電子天びんでひょう量すれば小数点以下3けた，例えば10.328 gまでは確実な数字である。

50 mLのビュレットは0.1 mLの目盛り間隔であるから0.1 mLまでは確実に測定できる。目盛り間は目測するのであるから不確実な数になる。したがって，ビュレットの読みは20.57 mLというように小数点以下2けたまでが有効数字である。

(2) 計算の規則

① **加減算**　加減算を行うときは，小数点以下のけた数の最小のものを基準にし，四捨五入法で小数点以下のけた数の最小のものにそろえて計算する。例えば，28.3 ＋ 0.17 ＋ 6.39は28.3 ＋ 0.2 ＋ 6.4 ＝ 34.9とする。

② **乗除算**　乗除算では各項（データ）の相対誤差の最大なものを基準にし，各項の相対誤差が最大相対誤差にできるだけ近く，それよりも大きくならないように四捨五入法で各項のけた数を減少する。例えば，38.46 × 0.1025 ÷ 0.250において，各項の最後の数字の誤差が1であるとすると，各項の相対誤差は左からそれぞれ0.3，1，4 pptとなる。相対誤差の最大な項は1/250で，その相対誤差は4 pptある。各項の相対誤差が4 pptになるべく近く，これより大きくならないように各項のけた数を減少すると38.5 × 0.1025 ÷ 0.250となる。これを計算すると15.785になるが，この計算値も相対誤差が4 ppt以下で，それになるべく近くなるように四捨五入して15.79とする。

乗除算では各データの相対誤差が基準になるのであって有効数字のけた数ではないことに注意する。実験回数，パーセントを求めるために乗じる100，原子価を示す数字などの「計数」は誤差を伴わないから相対誤差を考えなくてよい。

3.3 標準溶液

容量分析に使用する溶液の1つは濃度が正確に知られていなければならない。この溶液を標準溶液という。標準溶液をつくるには，純粋な一次標準試薬を精密にひょう量して一定体積の溶媒に溶解する。純試薬が得られないとき，または保存中に変質する物質であるときには，予定濃度に近い溶液を調製しておき，一次標準試薬を用いて標定という操作を行って正確な濃度を決定する。

§1 一次標準試薬

一次標準試薬は次の条件を満たすものである。

① 高純度の一定組成をもつものである。日本工業規格（JIS）では純度99.97%以上としている。

② 乾燥しやすく，吸湿性が少なく，安定で，入手しやすいもの。

③ ひょう量誤差が小さくなるように，式量の値が大きいもの。

④ 水に対する溶解度が大きいもの。

⑤ 反応が速やかに定量的に進み，終点の判定が容易なもの。

JIS 試薬，特級，精密分析用などで上の条件を満足する試薬をひょう量して，ビーカーに移して少量の水で溶解したのち，全量フラスコに入れ，一定体積の溶液をつくり，これを標準溶液とする。

使われることの多い一次標準試薬を表3.4に示す。

表3.4 一次標準試薬

用途	試薬	化学式	式量	乾燥方法
酸標定用	炭酸ナトリウム	Na_2CO_3	106.00	500～650℃に40～50分間保ち，硫酸デシケーター中で放冷する。
塩基標定用	フタル酸水素カリウム	o-C_6H_4(COOH)・(COOK)	204.23	100～110℃に3～4時間保ち，硫酸デシケーター中で放冷する。
	シュウ酸	$(COOH)_2 \cdot 2H_2O$	126.07	潮解したNaBrを入れたデシケーター中で乾燥する。
酸化剤標定用	シュウ酸ナトリウム	$Na_2C_2O_4$	134.00	300～350℃に45～60分間保ち，硫酸デシケーター中で放冷する。
	ニクロム酸カリウム	$K_2Cr_2O_7$	294.19	めのう乳ばちで粉砕し，100～110℃に3時間保ち，硫酸デシケーター中で放冷する。
還元剤標定用	ヨウ素	I_2	253.80	特級品を昇華精製し，グリースをぬらない塩化カルシウムデシケーター中で乾燥する。
	ヨウ素酸カリウム	KIO_3	214.01	120～140℃に1.5～2時間保ち，硫酸デシケーター中で放冷する。
沈殿滴定用	塩化ナトリウム	NaCl	58.44	500～650℃に40～50分間保ち，硫酸デシケーター中で放冷する。
キレート滴定用	炭酸カルシウム	$CaCO_3$	100.09	110℃で60分間乾燥し，硫酸デシケーター中で放冷する。

§2 温度補正

精密な実験においては温度補正をする。

標準温度20℃以外の温度で標準溶液を調製あるいは使用するときには，その液温，実際には室温を測定し，表3.2を用いて標準温度のときの体積に換算する。

§3 濃度表示法

標準溶液の濃度は0.1 mol/L程度のものを調製することが多い。正確に0.1000 mol/L溶液を作ることはめんどうであるし，その必要もない。

調製した標準溶液の濃度が0.1015 mol/Lというように端数があるときは，基準濃度（多くの場合0.1000 mol/L）に対するこの溶液濃度との比，この例では1.015を係数（factor）といい，濃度の表示は0.1 mol/L（$f = 1.015$）とする。

この溶液1 L中には0.1000 mol/Lの1.015倍の溶質が存在する。この溶液を35.28 mL使用したときには，これに係数1.015を乗ずると35.81 mLになる。

$$35.28 \text{ mL} \times 1.015 = 35.81 \text{ mL}$$

すなわち，正確に0.1000 mol/Lの溶液とすれば35.81 mLを使用したことになる。係数fは使用溶液量を0.1000 mol/L溶液量に換算するために用いられる。

3.4　中和滴定

§1　原　　理

中和滴定法は酸と塩基が反応して塩と水を生じる中和反応に基づく容量分析法である。

$$H^+ + OH^- \longrightarrow H_2O$$

既知濃度の塩基溶液を用いて，未知濃度の酸溶液を滴定する方法を酸滴定法，既知濃度の酸溶液を用いて未知濃度の塩基溶液を滴定する方法をアルカリ滴定法ということがある。

§2　滴定曲線

一定量の酸溶液を一定濃度の塩基溶液で滴定するとき，被滴定液の酸濃度は，加えた塩基溶液の体積の関数として表すことができる。この関係を図示したものが滴定曲線である。酸濃度はpH で表すのが便利である。

滴定曲線が作成されると，分析法としての滴定の適否がわかり，また使用すべき指示薬の選択範囲がきまる。

中和滴定には，次の 4 つの組み合わせが考えられる。

① 強酸と強塩基の反応

② 強酸と弱塩基の反応

③ 弱酸と強塩基の反応

④ 弱酸と弱塩基の反応

(1) 強酸と強塩基の反応

塩酸溶液を水酸化ナトリウム溶液で滴定する場合などがこの例である。これらの酸と塩基はともに完全に電離するものと考えられるから，被滴定液の pH は計算で求めることができる。

例えば，0.1 mol/L-HCl 50 mL に 0.1 mol/L-NaOH 5 mL を加えたとき，被滴定液の pH は次のように計算される。

$$\text{最初の HCl の物質量} = \frac{50.0}{1000} \times 0.100\ (\text{mol/L}) = 5.00\ (\text{mmol})$$

$$0.1\ \text{mol/L-NaOH}\ 5\ \text{mL によって中和された HCl の物質量} = \frac{5.00}{1000} \times 0.100\ (\text{mol/L}) = 0.50\ (\text{mmol})$$

$$\text{被滴定液中の HCl の物質量} = 5.00 - 0.50 = 4.50\ (\text{mmol/L})$$

$$[H^+] = \frac{4.50\ \text{m mol}}{55.0\ \text{mL}} = 8.18 \times 10^{-2}\ \text{mmol/mL} = 8.18 \times 10^{-2}\ \text{mol/L}$$

$$\text{pH} = 2 - \log 8.18 = 1.09 \fallingdotseq 1.1$$

0.1 mol/L-HCl 50 mL に 0.1 mol/L-NaOH を滴下したとき，被滴定液の pH と 0.1 mol/L NaOH 1mL 当りの pH 変化を表 3.4 に示す。また図示すると図 3.7 曲線 I のようになる。

表 3.5　水酸化ナトリウム溶液滴下量と pH の変化

0.1 mol/L-NaOH 滴下量（mL）	被滴定液の pH	0.1 mol/L-NaOH 1 mL 当たりの pH 変化
0.00	1.00	
		} 0.02
25.00	1.48	
		} 0.07
49.50	3.30	
		} 2.22
49.95	4.30	
		} 54.00
50.00	7.00	
		} 54.00
50.05	9.70	
		} 6.00
50.10	10.00	
		} 1.75
50.50	10.70	

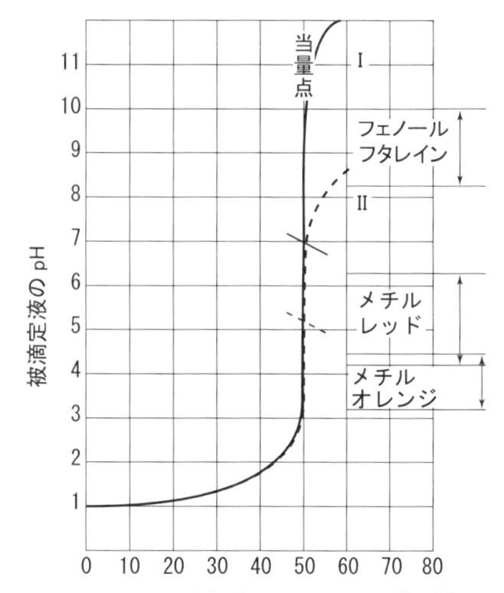

図 3.7　0.1 mol/L-HCl 50mL を 0.1 mol/L-NaOH または 0.1 mol/L-NH_3 溶液で滴定した滴定曲線

表 3.5 ならびに図 3.7 曲線 I に見られるように，当量点付近においては 0.1 mol/L-NaOH 溶液をごく少量加えても被滴定液の pH は大きな変化をする。この大きな変化を pH 飛躍(pH ジャンプ)ともいう。

このことは，滴定の終点の判定が容易であることを示す。図 3.7 曲線 I の当量点における飛躍は pH にして約 6 であるが 4 以下であると終点の判定が困難になる。この例では変色域が約 pH 3 ～ 10 の指示薬を用いればよいことがわかる。

(2) 強酸と弱塩基の反応

0.1 mol/L-HCl 50 mL を塩基解離定数 $K_b = 1.75 \times 10^{-5}$ (mol/L) の弱塩基である 0.1 mol/L-NH_3 溶液で滴定するときの滴定曲線は図 3.7 曲線 II になる。当量点における pH 飛躍は約 4.5 で，中和反応により生じる塩が加水分解するために溶液は弱酸性を呈す。

(3) 弱酸と強塩基の反応

酸解離定数 $K_a = 1.76 \times 10^{-5}$(mol / L) の弱酸である 0.1 mol/L-CH_3COOH 50 mL を 0.1 mol/L-NaOH 溶液で滴定するときの滴定曲線を図 3.8 曲線 III に示す。当量点における pH 飛躍は約 4.3 で，生じる塩が加水分解するために溶液は弱アルカリ性を呈す。

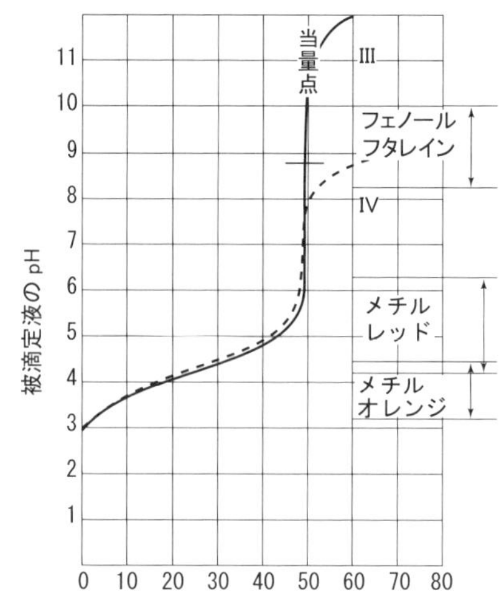

図 3.8 0.1 mol/L-CH_3COOH 50 mL を 0.1 mol/L-NaOH または 0.1 mol/L-NH_3 溶液で滴定した際の滴定曲線

(4) 弱酸と弱塩基の反応

0.1 mol/L-CH_3COOH 50 mL を 0.1 mol/L-NH_3 溶液で滴定するときの滴定曲線は図 3.8 曲線 IV である。当量点付近における pH の上昇曲線はなだらかで，明確な pH 飛躍を示さないので終点の判定が困難であり通常この種の滴定は行わない。

§3 指示薬

中和滴定に用いられる指示薬自身も，弱酸または弱塩基の性質をもった有機化合物で，指示作用はその分子とそれから生じるイオンとが異なる色調を示すことを利用する。溶液中における指示薬の色調は，溶液の水素イオン濃度 $[H^+]$，すなわち pH に支配される。

メチルオレンジとフェノールフタレインの構造と色の変化は次のようである。

メチルオレンジは弱塩基で，中性またはアルカリ性溶液中では黄色であるが，酸性溶液では水素イオンと結合して赤桃色のイオンになる。

中性またはアルカリ性溶液中で黄色 (In)　　酸性溶液中で赤桃色 (InH^+)

フェノールフタレインは弱二塩基酸で無色であるが，完全に電離した二価の陰イオンは赤色である。

酸性溶液中で無色分子 (H_2I_n)　　塩基性溶液中で赤色イオン (In^{2-})

指示薬の色調が変化を起こすpH範囲を変色域という。変色域の広さとpH値は指示薬によって違う。変色前後の色調の変化が明瞭で終点の判定が容易であり，また変色域がなるべく狭い指示薬を用いるのがよい。

滴定曲線の当量点におけるpHの飛躍が指示薬の変色域を縦貫している指示薬を使用しなければならない。図3.7，3.8からわかるように，滴定反応の種類によって適当な指示薬を選ぶ必要がある。

中和滴定に使用される一般的な指示薬の性質，使用量，調製法などを表3.6に示す。

表3.6　中和滴定に用いる指示薬

指示薬	略　記	変色域(pH)	酸　性	塩基性	溶液100 mL当りの使用量	調　製　法
メチルバイオレット	M. V.	0.1 ～ 1.5 1.5 ～ 3.2 0.5 ～ 0.6	黄 青 黄緑	青 紫	3 ～ 5 滴	0.5 g を水 1 L に溶かす。
メチルオレンジ	M. O.	3.1 ～ 4.4	赤	黄	3 ～ 5 滴	0.1 g を水 100 mL に溶かす。
メチルレッド	M. R.	4.2 ～ 6.3	赤	黄	2 ～ 4 滴	0.5 g を95%エタノール 100 mL に溶かす。
ニュートラルレッド	N. R.	6.8 ～ 8.0	赤	黄	2 ～ 4 滴	0.1 g を 95%エタノール 70 mL ＋水 30 mL に溶かす。
フェノールフタレイン	P. P.	8.3 ～ 10.0	無色	赤	2 ～ 4 滴	1 g を 95%エタノール 100 mL に溶かす。

二酸化炭素を0.03%含む空気と長時間接触している水のpHは5.72である。pH 6以上で変色する指示薬を用いて滴定して変色しても，長く放置すると再び元の色にかえり，pH 5.72における色を示すようになる。空気中にある二酸化炭素の影響を考慮する必要があるときには，窒素ガスで置換して滴定するのがよい。

§4　0.1 mol/L-NaOH 標準溶液の調製と標定

(A) 0.1 mol/L-NaOH 標準溶液の調製

水酸化ナトリウム約13.2 gに水13 mLを加えて溶解し，コルク栓付ビンに入れて数日間静置し，不純物として含まれている少量の炭酸ナトリウムを沈下させる。6 mLの上澄み液を静かにメスピペットで分取し，約15分間沸騰して二酸化炭素を除いた後冷却した水を加えて1 Lとすれば，炭酸イオンを含まない約0.1 mol/Lの水酸化ナトリウム溶液が得られる。別法：上皿天びんで水酸化ナトリウム4.4 gを手早くとり，500 mLのビーカーに入れ，水300 mLを加えて溶かす。冷却後1 Lの全量フラスコに移し，水を加えて1 Lとする。ポリエチレン製試薬ビンに貯える。ソーダ石灰管を付けたポリエチレン製の試薬ビンに保存することも行われるが，空気中の二酸化炭素や水を吸収して濃度が変化しやすいので時々一次標準試薬を用いて標定するのがよい。

(B) 0.1 mol/L-NaOH 標準溶液の標定法

水酸化ナトリウム溶液の標定には，表3.3に挙げたフタル酸水素カリウムかシュウ酸を用いるのが普通であるが，本稿では前者について記述する。

(1) 要　旨

一価の塩基である水酸化ナトリウムと一価の酸であるフタル酸水素カリウムは物質量比が 1：1 で過不足なく反応する。

$$NaOH + C_6H_4(COOH)(COOK) \rightleftharpoons C_6H_4(COONa)(COOK) + H_2O$$

したがって，0.1 mol/L-NaOH　1 mmol を中和するためには分子量 204.23 のフタル酸水素カリウムの 1 mmol（= 0.2042 g）が必要である。

(2) 器具と試薬

他の容量分析に使用する器具もあげておく。共通の器具は以下の実験の器具と試薬欄には表記しない。

器具または試薬	規　格	器具または試薬	規　格
ビュレット	50 mL（白色）	三角フラスコ	100 mL
ビュレットスタンド	磁製台，ビュレット挟付	メスシリンダー	100 mL
ピペット台		駒込ピペット	5 mL
ピペット	全量 50 mL	ガラス棒	直径 6 mm
ピペット	全量 10 mL		長さ 20 cm
ピペット	全量 20 mL	バーナー	ゴム管 1 m 付
三　脚		メスピペット	10 mL
セラミックス付き金網	15 × 15 cm	ワセリン	
薬サジ	合成樹脂製	滴ビン P.P. 用	白色 40 mL
時計皿	時計皿の直径 4 ～ 5 cm	滴ビン M.O. 用	褐色 40 mL
薬包紙		フタル酸水素カリウム	特級品
NaOH（f 未知）		全量フラスコ	1 L
電子天びん		ひょう量ビン	30 mL
		ビーカー	100 mL，500 mL

(3) 実験操作

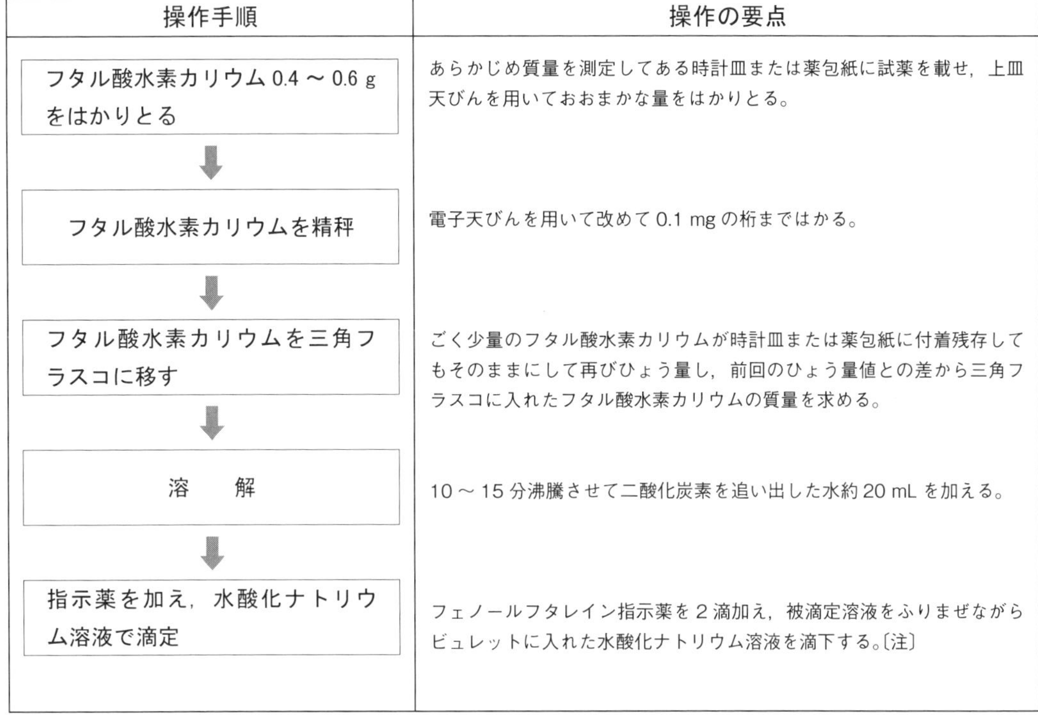

操作手順	操作の要点
フタル酸水素カリウム 0.4 ～ 0.6 g をはかりとる	あらかじめ質量を測定してある時計皿または薬包紙に試薬を載せ，上皿天びんを用いておおまかな量をはかりとる。
↓ フタル酸水素カリウムを精秤	電子天びんを用いて改めて 0.1 mg の桁まではかる。
↓ フタル酸水素カリウムを三角フラスコに移す	ごく少量のフタル酸水素カリウムが時計皿または薬包紙に付着残存してもそのままにして再びひょう量し，前回のひょう量値との差から三角フラスコに入れたフタル酸水素カリウムの質量を求める。
↓ 溶　解	10 ～ 15 分沸騰させて二酸化炭素を追い出した水約 20 mL を加える。
↓ 指示薬を加え，水酸化ナトリウム溶液で滴定	フェノールフタレイン指示薬を 2 滴加え，被滴定溶液をふりまぜながらビュレットに入れた水酸化ナトリウム溶液を滴下する。〔注〕

〔注〕
滴下液の付近が部分的に赤くなるが，振り混ぜまぜると赤色は消える。これを繰り返すうちに，赤色が消えるまでに要する時間が長くなってくる。終点が近づいたことを意味するこうなったら。1 滴加え，滴下をやめて振り混ぜ，無色になってから次の 1 滴を加える。終点直前と判断したら，ビュレットの先端から溶液をわずかににじみ出させ，三角フラスコの内壁に付着させる。約 30 秒間振り混ぜてもわずかに紅色が認められる点を終点とする。液が赤インクのように濃赤色になったのは当量点を過ぎて水酸化ナトリウムを過剰に加えたことを示すもので実験結果は不正確である。容量分析では常に 3.2 §4 (2) 実験操作の注意を守る。

(4) 実験記録と計算

例えば，次のように記録．計算する。

使用したフタル酸水素カリウム　　A g

中和に要した NaOH 溶液の体積　　24.56 mL

NaOH 溶液の濃度を x mol/L とすれば

$$A / 204.2 = 24.56 \times x / 1000 \qquad x = \frac{A\ \mathrm{g}}{0.2042 \times 24.56\ \mathrm{mL}}$$

上記のようにして調製した 0.1 mol/L-NaOH 標準溶液の実際の濃度は x ということであるから，0.1 mol/L に係数 f を乗じて実際の濃度を表示する。$x = 0.1 \times f$ で，f を力価，またはファクターと呼び，0.1 mol/L-NaOH (f =□．□□□) と記す。□内に 1.015 というように求めた数字を記入する。また，標定年月日を書いておく。

時間があれば実験を 4 ～ 5 回行い，測定値の平均値および標準偏差を求める。

実験時間が短いときは，あらかじめフタル酸水素カリウム約 20 g をとり，電子天びんでひょう量して 1 L の全量フラスコに入れ，標線まで水を加えて 0.1 mol/L-(o)C_6H_4(COOH)・(COOK)

の溶液（係数f既知）調製しておき，この溶液を全量ピペットで10 mL分取して三角フラスコに入れ，0.1 mol/LのNaOH溶液で滴定する。滴定に要したNaOH溶液がB mLであったとすると，0.1 mol/LのNaOH溶液の濃度（mol/L）は次式から求められる。

$$0.1\ (\mathrm{mol/L}) \times 10\,(\mathrm{mL}) \times f = B\,(\mathrm{mL}) \times x\ (\mathrm{mol/L})$$

§5 食酢中の酢酸の定量

(1) 要　旨

食酢には酢酸のほか若干量の有機酸類を含んでいるが，食酢中の酸分をすべて酢酸と考えれば，酢酸と水酸化ナトリウムの中和反応として中和滴定が可能である。

$$CH_3COOH + NaOH \longrightarrow CH_3COONa + H_2O$$

(2) 試　薬

試　薬	規　格	試　薬	規　格
NaOH標準溶液-0.1 mol/L	f既知	食酢	酸度4.2%
フェノールフタレイン指示薬			

(3) 実験操作

操作手順	操作の要点
食酢の希釈	食酢10 mLを全量ピペットを用いて100 mLの全量フラスコにとり，標線まで水を加え，栓をしたあとよく振りまぜる。
↓	
試料の採取	希釈した食酢溶液10 mLを全量ピペットで三角フラスコにとり，指示薬としてフェノールフタレイン溶液を2～3滴加える。
↓	
滴　定	0.1 mol/L-NaOH標準溶液をビュレットより滴下する。当量点近くなったら1滴ずつ滴下してちょうど指示薬のうすい赤色が認められる点を終点する。滴定を数回（3回以上）繰り返し，滴下量の平均値を用いて食酢中の酢酸の濃度を算出する。

(4) 計　算

中和に要した0.1 mol/L-NaOH標準溶液の滴下量：v' mL

0.1 mol/L-NaOH標準溶液のファクター：f

試料（食酢）の密度：1.02

希釈した食酢中の酢酸の濃度　c（mol/L）を求める。

$$\frac{10 \times c}{1000} = \frac{0.1 \times f \times v'}{1000}$$ より

$$c = 0.01 \times f \times v'\ (\mathrm{mol/L})$$

10倍に希釈したので，実際の食酢の濃度は$c \times 10$（mol/L）である。

酢酸（CH_3COOH）の分子量は60.0であるから食酢1Lの中には$60.0 \times c \times 10$ gの酢酸が含まれる。

$$\text{食酢中の酢酸含有率}(\%) = \frac{60.0 \times c \times 10}{1000 \times 1.02} \times 100$$

§6　0.1 mol/L-HCl 標準溶液の調製と標定

（A）0.1 mol/L -HCl 標準溶液の調製

市販一級の濃塩酸（36%，比重1.19）の濃度は約12 mol/Lである。濃塩酸4.4 mLに500 mLの水を加えて良くかき混ぜて0.1 mol/L-HCl溶液を調製する。あるいは，濃塩酸4.4 mLを500 mL全量フラスコに取り，水で標線までうすめて調製しても良い。いずれにしても，元の濃塩酸の濃度が厳密にはわかっていないので，この0.1 mol/L-HCl標準溶液は標定をして濃度を決定する必要がある。

（B）0.1 mol/L-HCl 標準溶液の標定法

§4で調製した0.1 mol/L-NaOH標準溶液で0.1 mol/L-HCl溶液の標定を行う。

（1）要旨と注意

$$NaOH + HCl \longrightarrow NaCl + H_2O$$

代表的中和反応の例である。

一次標準試薬として炭酸ナトリウムを用いて0.1 mol/L-HClを標定する方法は正確さにおいて優れている。0.1 mol/L-NaOH標準溶液を用いる方法は，二次標準溶液を用いることになるので誤差がやや大きくなる欠点はあるが，簡易であるから多く実施されている。

（2）試　薬

試　　薬	規　格	試　　薬	規　格
NaOH 標準溶液-0.1 mol/L	f 既知	HCl 溶液-約 0.1 mol/L	36%，比重 1.19

（3）実験操作

操作手順	操作の要点
0.1 mol/L-NaOH 標準溶液の分取	0.1 mol/L-NaOH 標準溶液（f 既知）の一定量，10 mL または 20 mL を全量ピペットで三角フラスコに分取する。
↓	
滴　定	フェノールフタレイン指示薬を2滴加え，NaOH 溶液を振りまぜながらビュレットから 0.1 mol/L-HCl 溶液を滴下する。〔注〕

〔注〕

当量点の近くに達したら，1滴ずつ滴下して指示薬の赤色が消えた点を滴定の終点とする。終点近くでは連続して滴下しないようにする。実験は少なくとも3回行う。

(4) 実験記録と計算

例えば，次のように記録，計算する。

毎回用いた 0.1 mol/L-NaOH 標準溶液（$f = 1.013$ とする）の体積　　20.00 mL

滴定に要した 0.1 mol/L-HCl 溶液の体積

第 1 回	19.87 mL
第 2 回	19.89 mL
第 3 回	19.88 mL
平均値	19.88 mL

0.1 mol/L-HCl 標準溶液のファクターを f' とすると

$$0.1\,(\mathrm{mol/L}) \times 1.013 \times 20.00\,(\mathrm{mL}) = 19.88\,(\mathrm{mL}) \times 0.1\,(\mathrm{mol/L}) \times f'$$

$$f' = 0.1019$$

HCl 標準溶液の濃度：0.1 mol/L-HCl（$f = 1.019$）

実験を 4 回以上行ったときには，標準偏差を計算する。

§7　炭酸ナトリウムと水酸化ナトリウムの混合溶液中の両成分の同時定量

(1) 要旨〔ワルダー法〕

炭酸ナトリウムと水酸化ナトリウムの混合溶液を 0.1 mol/L-HCl 標準溶液で滴定するとき，指示薬として加えたフェノールフタレインの赤色が消失した時の pH は約 8 で，このとき溶液中の水酸化ナトリウムの全量が中和され，炭酸ナトリウムは炭酸水素ナトリウムの段階にとどまる。この反応で消費された 0.1 mol/L-HCl 標準溶液を A mL とする。

$$\left.\begin{array}{l} \mathrm{NaOH + HCl \longrightarrow NaCl + H_2O} \\ \mathrm{Na_2CO_3 + HCl \longrightarrow NaHCO_3 + NaCl} \end{array}\right\} \cdots\cdots A\ \mathrm{mL}$$

次に，メチルオレンジ指示薬を加えて，さらに滴定を続ける。メチルオレンジの変色が始まった時の pH は約 4 で，溶液中の炭酸水素ナトリウムが全部中和される。この反応過程で消費された 0.1 mol/L-HCl 標準溶液を B mL とする。

$$\mathrm{NaHCO_3 + HCl \longrightarrow NaCl + CO_2 + H_2O} \quad \cdots\cdots B\ \mathrm{mL}$$

すなわち，

$2B$ mL $=$ Na_2CO_3 全量を完全に中和するのに要した 0.1 mol/L-HCl 標準溶液量

A mL $-$ B mL $=$ NaOH を中和するのに要した 0.1 mol/L-HCl 標準溶液量

(2) 試　　薬

試　　薬	規　格	試　　薬	規　格
HCl 標準溶液-0.1 mol/L	f 既知	NaOH 溶液-0.1 mol/L	f 既知
Na_2CO_3 溶液-0.1 mol/L	f 既知		

分析試料溶液：0.1 mol/L-Na_2CO_3 溶液と 0.1 mol/L-NaOH 溶液（いずれも f 既知）を調製しておき，任意の割合に混合する。

(3) 実験操作

操作手順	操作の要点
試料溶液の分取	全量ピペットで分析試料溶液 10 mL または 20 mL を三角フラスコに分取する。
↓ 滴　定	フェノールフタレン指示薬を 2 ～ 3 滴加える。0.1 mol/L-HCl 標準溶液で指示薬の赤色が認められなくなるまで滴定し，0.1 mol/L-HCl 標準溶液の滴下量を A mL とする。〔注〕
↓ 滴　定	つづいてメチルオレンジ指示薬 2 ～ 3 滴加えた後，0.1 mol/L-HCl 標準溶液でひきつづき滴定を続ける。指示薬の黄色がわずかに赤味のあるだいだい色に変化した点を終点とする。[†1] 滴定開始からここまでの 0.1 mol/L-HCl 標準溶液の滴下量を B mL とする。

〔†1〕 ビーカーに約 10 mL の水をとり，メチルオレンジ指示薬 2 滴を加え，0.1 mol/L-HCl 標準溶液を 1 滴加えて色調の変化を観察する。この溶液をビュレットスタンドの近くに置き，終点判定の参考にする。

〔注〕
溶液中に生成する $NaHCO_3$ の緩衝作用により，当量点よりやや過剰に 0.1 mol/L-HCl 標準溶液を加えることになりやすい。この結果 NaOH の含有量は高めに，Na_2CO_3 の含有量は低めになりがちである。誤差の原因をとなる CO_2 の放出を少なくするために，なるべく低温，できれば氷で冷却しながら滴定するのがよい。

(4) 計　算

正確に 0.1000 mol/L-HCl 溶液 1 mL で中和される NaOH は　　0.004000 g

正確に 0.1000 mol/L-HCl 溶液 1 mL で中和される Na_2CO_3 は　　0.005300 g

0.1 mol/L-HCl（f = 既知）の $(A - B)$mL，および $(2 \times B)$mL を正確に 0.1000 mol/L-HCl に換算するために係数 f を乗ずる。

$$(A - B)\,\mathrm{mL} \times f$$

$$(2 \times B)\,\mathrm{mL} \times f$$

分析試料溶液中の

$$\mathrm{NaOH}\ 質量 = 0.004000\ \mathrm{g} \times (A - B) \times f$$

$$\mathrm{Na_2CO_3}\ 質量 = 0.005300\ \mathrm{g} \times (2 \times B) \times f$$

なお，炭酸ナトリウムと水酸化ナトリウムのそれぞれの含有百分率を計算する。

3.5 酸化還元滴定

濃度既知の酸化剤または還元剤の標準溶液で滴定し，適当な方法で終点を判定して目的成分を定量する方法を酸化還元滴定法という。

広く用いられる過マンガン酸カリウム滴定について述べる。

§1 過マンガン酸カリウム滴定

酸性溶液中での過マンガン酸イオンの酸化作用は次式の変化によるものである。

$$MnO_4^- + 8H^+ + 5e^- \longrightarrow Mn^{2+} + 4H_2O$$

MnO_4^-の Mn は5個の電子を得て酸化数7から2に還元されるから，$KMnO_4$ 1モルは5グラム当量である。過マンガン酸カリウムによる酸化反応は酸性溶液と中性またはアルカリ性溶液とでは違うので，H^+ が不足しないように注意する。H^+ が不足したり，$KMnO_4$ 溶液の滴下速度が大きすぎると MnO_4^-が Mn^{2+} と作用して黒褐色の MnO_2 の沈殿を生じて実験が失敗する。硫酸添加量をやや過剰にし，$KMnO_4$ の酸化反応速度を大きくするために被滴定液を約70℃に加温する。ただし，80℃以上にすると $KMnO_4$ および還元剤が分解するおそれがあるので過度の加熱は避ける。MnO_2 を生成するような副反応を起こさないために滴下した $KMnO_4$ の桃色が消えてから次の滴下をするのがよい。$KMnO_4$ 溶液は有機物に触れないように注意する。

§2 0.02 mol/L-$KMnO_4$ 標準溶液の調製と標定

過マンガン酸カリウムは高純度のものが得難く，保存中に溶液濃度が低下するので 0.02 mol/L 溶液を調製しておき，時々標定する。$KMnO_4$ 約 3.3 g を上皿天びんではかり取り，水1Lに溶解する。約10分間静かに煮沸し，水中の還元性物質を酸化したのち冷却し，上澄み液をガラスフィルターでろ過して褐色ビンに貯える。表3.3に記したシュウ酸ナトリウムまたはシュウ酸を一次標準試薬として 0.02 mol/L-$KMnO_4$ 標準溶液を標定する。

(1) 要　旨

シュウ酸ナトリウム約 0.2 g を正確にはかりとり，3.4, §4と類似な方法で標定してもよいが，シュウ酸を一次標準試薬として濃度既知の溶液を作り，この一定量を分取し，硫酸酸性にして上記 0.02 mol/L-$KMnO_4$ 溶液で滴定して $KMnO_4$ 溶液濃度を決定する方法について述べる。

$$5(COOH)_2 + 3H_2SO_4 + 2KMnO_4 \longrightarrow K_2SO_4 + 2MnSO_4 + 10CO_2 + 8H_2O$$

潮解した臭化ナトリウム入りのデシケーター中に置いて恒量にした特級のシュウ酸の結晶 $(COOH)_2 \cdot 2H_2O$ (MW = 126.07) 6.3 ～ 6.4 g を 電子天びんで正確にはかりとり，1Lのメスフラスコに入れ，水を加えて標線に合わせる。はかりとったシュウ酸の結晶が 6.3797 g であったとすると，シュウ酸溶液の濃度は 6.3797 (g) / 126.07 = 0.05060 mol/L であり，0.05 mol/L-$(COOH)_2$ (f = 1.012) と明記する。

(2) 器具と試薬

器具または試薬	規　格	器具または試薬	規　格
全量フラスコ	1 L	シュウ酸	特級品
ガラスフィルター		デシケーター	NaBr 入り
褐色ビン		H_2SO_4 溶液-3 mol/L	
吸引ビン	1 L	過マンガン酸カリウム	
ガラスフィルター	直径8～10 cm	水流ポンプ	

(3) 実験操作

標定操作	操作の要点
一次標準溶液の分取	全量ピペットで濃度既知のシュウ酸溶液 10 mL または 20 mL を三角フラスコに分取する。
↓	
硫酸の添加，加熱	メスシリンダーで水 10 mL と 3 mol/L-H_2SO_4 10 mL 加える．セラミクス付金網上で 60 ～ 70℃に加熱する。
↓	
滴　定	被滴定溶液を振りまぜながらビュレットから $KMnO_4$ 溶液を滴下する。[†1]〔注〕 $KMnO_4$ 溶液の消費量を *A* mL とする。

〔†1〕 最初のうちは反応が遅く，$KMnO_4$ の赤紫色の消失にやや時間がかかる。赤色が消えてから次の $KMnO_4$ 溶液を滴下する。滴定が進むにつれて Mn^{2+} の触媒作用で反応速度が増加する。最後に加えた半滴または 1 滴の $KMnO_4$ 溶液による桃色が約 30 秒間消失しない点を滴定の終点とする。

〔注〕
ビュレット中の液面上端の目盛りを読む。上記のように，被滴定液が着色した点を終点とすると当量点をわずかに過ぎていることを示すので，精密な実験ではブランク実験を行い補正する。滴定を 3 回行う。

(4) 計　算

例えば，次のように計算する。

毎回分取した 0.05 mol/L -$(COOH)_2$ (f = 既知) の体積　　10.00 mL

滴定に要した 0.02 mol/L-$KMnO_4$ 溶液の体積

第 1 回	10.17 mL
第 2 回	10.16 mL
第 3 回	10.17 mL
平均値	10.17 mL

0.02 mol/L-$KMnO_4$ 溶液のファクターを f' とすると

$$10.17\ \text{mL} \times 0.02\ \text{mol/L} \times f' \times 5 = 10.00\ \text{mL} \times 0.05\ \text{mol/L} \times f\,(\text{既知}) \times 2$$

上式より $KMnO_4$ の濃度を知り，0.02 mol/L に対する係数 f' を求める。

§3 過マンガン酸カリウム滴定法によるオキシフル中の過酸化水素の定量

(1) 要　旨

硫酸酸性溶液中で過マンガン酸イオンは過酸化水素と次のように反応する。

$$5H_2O_2 + 2MnO_4 + 6H^+ \longrightarrow 5O_2 + 2Mn^{2+} + 8H_2O$$

過酸化水素水（H_2O_2 の式量 ＝ 34.01）を硫酸酸性にして濃度既知の $KMnO_4$ 標準溶液で滴定することによって過酸化水素を定量することができる。

(2) 試　薬

試　薬	規　格	
$KMnO_4$ 標準溶液-0.02 mol/L	f 既知	H_2O_2 濃度約 3%のオキシフルを水で 10 倍に希釈した溶液

(3) 実験操作

操作手順	操作の要点
試料溶液の分取	全量ピペットで分析試料溶液 10 mL を三角フラスコにとる。
↓	
硫酸の添加	メスシリンダーで 3 mol/L-H_2SO_4 10 mL と水 10 mL を加える。
↓	
滴　定	被滴定溶液を振りませながら 0.02 mol/L-$KMnO_4$ 標準溶液で滴定する。

(4) 計　算

例えば，次のように計算する。

毎回分取した過酸化水素溶液の体積　　10.00mL

滴定に要した 0.02 mol/L-$KMnO_4$ 標準溶液（f ＝ 既知）の体積

第 1 回	18.43 mL
第 2 回	18.43 mL
第 3 回	18.44 mL
平均値	18.43 mL

正確に 0.02 mol/L-$KMnO_4$ 1 mL は H_2O_2 0.001701 g に相当する。

分析した H_2O_2 溶液 10.00 mL 中の H_2O_2 の質量は，次式によって求められる。

$$0.001701\ g \times 18.43\ mL \times f$$

過酸化水素水の密度を 1 として過酸化水素の含有百分率を求める。

3.6 キレート滴定

1分子中に2個以上の官能基と配位数をもつ化合物が金属イオンと作用してその金属原子（イオン）を含む環状構造の錯化合物（キレート）を生成する反応を利用する滴定法をキレート滴定という。キレート滴定は迅速に微量な成分を定量するのに広く利用されている。

§1 エチレンジアミン四酢酸（EDTA）とエリオクロムブラックT（EBT）

EDTAの示性式は次のようである。

$$\begin{matrix} HOOCH_2C \\ HOOCH_2C \end{matrix} \rangle N-CH_2-CH_2-N \langle \begin{matrix} CH_2COOH \\ CH_2COOH \end{matrix}$$

EDTAは4個のカルボキシル基と2個の窒素原子の非共有電子対と合わせて六座配位子として作用することができる。滴定試薬としては二ナトリウム塩を用いる。EDTA二ナトリウム塩とCa^{2+}の反応は次式のようである。EDTAをH_4Yとして表すと，

$$H_2Y^{2-} + Ca^{2+} \rightleftarrows CaY^{2-} + 2H^+ \qquad (1)$$

生成する錯化合物（キレート）の解離度は極めて小さいので，Ca^{2+}を定量的に測定することができる。

ただし，(1) 式から知られるように，キレートを定量的に生成させるためにはH^+濃度を小さくする必要がある。すなわち，pHが高い溶液で滴定を行うのがよい。しかし，金属イオンはpHが高くなると水酸化物となって沈殿するので金属の種類によってそれぞれ適当なpHで滴定しなければならない。Ca^{2+}，Mg^{2+}などの滴定ではpH 10に保つのがよい。このためNH_3 / NH_4Cl緩衝液を用いる。

EDTAは多くの場合，金属イオンと物質量比が1：1で反応するから，濃度にモル濃度を用いると量的関係の計算が便利であり，通常0.01 mol/L溶液を用いる。

pH 6以上では指示薬として用いるEBTのスルホン酸ナトリウムが完全に解離し，

（構造式：^-O_3S，O_2N を有するナフタレン環（O–H）– N=N –ナフタレン環（H–O））となる。これをH_2In^-と表す。

H_2In^-のフェノール性水酸基はpH 8～10においては一部電離してHIn^{2-}となって青色を呈し，Ca^{2+}やMg^{2+}と反応してキレートを形成し赤色となる。

Ca^{2+}とのキレートを$CaIn^-$と表すと，次式になる。

$$\underset{青色}{HIn^{2-}} + Ca^{2+} \rightleftarrows \underset{赤色}{CaIn^-} + H^+$$

赤色のキレートを含む溶液にEDTA溶液を滴下すると，次の反応が起こって青色になる。EDTAは当量点近傍では$CaIn^-$キレートを分解して，より安定なEDTA-Caキレート(CaY^{2-})と青色のHIn^{2-}を生じる。

$$\underset{\text{赤色}}{CaIn^-} + HY^{3-} \rightleftarrows \underset{\text{青色}}{HIn^{2-}} + CaY^{2-}$$

溶液が赤紫色から青色へと変わり，赤みが完全になくなったところを終点とする。

§2 EDTAを用いる水の硬度測定

(1) 水の硬度

水1000 mL中に存在するCa^{2+}とMg^{2+}をそれらに対応する$CaCO_3$に換算して1 mg含まれているとき硬度1度(1度 = 1 ppm = 1 mg / L)という。現在では，硬度のかわりにppmで表すことが多くなった。また，水100 mL中のCa^{2+}とMg^{2+}を対応するCaOに換算して1 mgあれば硬度1度とするドイツ硬度もある。

ドイツ硬度1度 = 1.785 ppm($CaCO_3$)

(2) 要　旨

試料水に緩衝液を加えてpH 10にし，指示薬としてEBTを加え，0.01 mol/L-EDTA標準溶液で滴定してCa^{2+}とMg^{2+}の総量を知り，水の硬度を求める。試薬調製には精製水を用いる。

(3) 試　薬

① 0.01 mol/L-EDTA標準溶液　特級のEDTA二ナトリウム塩の結晶〔($Na_2H_2C_{10}H_{12}O_8N_2 \cdot 2H_2O$, 式量372.25)〕3.7 ～ 3.8 gを電子天びんで正確にはかりとり，1 Lの全量フラスコに入れ，水を加えて標線に合わせる。純度のよいEDTA二ナトリウム塩が入手できる場合は標定せずにそのまま使用でき，はかりとった量を3.7225で割れば0.01 mol/Lの係数fが求められる。標準溶液はポリエチレンビンに貯える。精密な分析をするときには，特級の$CaCO_3$約1 gを電子天びんで正確にはかりとり，水10 mLと6 mol/L-HCl 10 mLを加えて溶解し，1 Lの全量フラスコに移し，標線まで水を加える。この溶液で0.01 mol/L-EDTA標準溶液を標定する。

② 緩衝液　塩化アンモニウム70 gをビーカーにはかりとり，適量の水を加えて溶解後，濃アンモニア水を加えてかき混ぜた後，1 Lの全量フラスコに移し，さらに水を加えて1 Lとする。

③ EBT指示薬　EBT 0.5 gと塩酸ヒドロキシルアミン4.5 gとをメタノール100 mLに溶解する。

④ 試料水　井戸水, 水道水, 硬水(温泉水, または$CaCl_2$ 0.2 ～ 0.3 gに水を加えて1 Lとした溶液)

(4) 実験操作

試料水50mLを全量ピペットで三角フラスコに分取する。緩衝液2 mLを加え，次にEBT指示薬を3滴加えると，Ca^{2+}またはMg^{2+}が存在すれば液は赤色になる。被滴定液を振りまぜながら0.01 mol/L-EDTA標準溶液で滴定し，溶液の赤色が全く消失して青色となった点を滴定の終点とする。

(5) 計　算

用いた試料水の体積	A mL
滴定に要した 0.01 mol/L-EDTA 標準溶液の体積	B mL
0.01 mol/L-EDTA 標準溶液 1 mL に相当する $CaCO_3$ の mg 数	$f \times 1.001$

$$硬度\ (CaCO_3\ ppm) = \frac{1000}{A(mL)} \times B \times f \times 1.001$$

〔注意〕 正確に 0.01000 mol/L-EDTA 標準溶液 1 mL は Ca の 0.4008 mg，CaO の 0.5608 mg，$CaCO_3$ の 1.001 mg に相当する。

無機・物理化学実験

4.1 一般的注意

物理化学実験においては，反応速度定数，電気量，分子量など直接測定できない化学の基礎になる数値を知るために行う実験が多い。これらの目的を達成するために実測可能な方法を考案し，それらの実測値を得たのち数式によって目的とする数値を求めるのである。

反応速度定数を求めるためには時間とともに変化する物質量を，電気量を知るためには電気分解により析出した物質量を，また分子量を求めるためには溶液の凝固点降下を測定することになるので，それぞれ容量分析，重量分析および精密温度測定が行われる。個々の実験操作がその実験目的とする数値とどういう関係があるのかを十分理解しておく必要がある。他の実験でもそうであるが，特に物理化学実験では実験を始める前に予習して実験の目的，操作の意義を理解しておくことが望ましい。

測定値が正確でなければ，それらの値を用いて計算して得た実験結果も当然不正確なものになる。

次の事項に注意して実験するのがよい。

① 使用器具の補正。重量分析，容量分析において述べたように検定済みの分銅，ピペット，ビュレットなどでも公差が認められていることを忘れず，より正確な測定のためには各自補正をする。温度計についても同様である。

② 温度を一定に保って測定するために恒温槽を用いる。

③ 気圧の補正。

④ 測定用器具を清潔にすると共に実験室，実験机も清潔に保つ。

⑤ 試薬はなるべく高純度のものを使用する。

⑥ 室温，湿度，年，月，日，天候など実験環境について記録する。後で参考になることがある。

4. 2　温度計と恒温水槽

§1　水銀温度計

温度計には，気体温度計，熱膨脹を応用する温度計，熱起電力を利用する温度計，温度による電気抵抗の変化を応用する温度計，熱幅射の光度を応用する温度計，幅射熱を利用する温度計などがある。

最も普通に使用されるものは棒状の水銀温度計である。水銀温度計にも－30 ～ 50，－10 ～ 110，－10 ～ 200，0 ～ 360℃などの範囲の温度を測るもの，毛細管の中に窒素などのような不活性ガスを封入した高融点ガラス製の温度計のように 625℃，熔融石英製の 750℃ぐらいまでの高温を測ることのできるものなどがある。

水銀の代わりに白燈油，アルコールなどを封入した温度計がある。赤く着色してあり，－20 ～ 100℃のものが多いが，50℃以下の温度測定に用いるのがよい。トルエン，ペンタンを封入した温度計は－100 ～ 50℃の低温の測定ができる特長がある。ただし，熱伝導が悪く，温度に対する膨脹係数が一定でないなどの欠点がある。物理化学実験にはとくに断らないかぎり水銀温度計を用いる。

§2　恒温水槽

恒温水槽は温度を一定にして定数を測定したり，化学反応を行わせたりするのに用いる。必要に応じて適当な精度の恒温水槽を用意する。

図 4.1　簡易型恒温水槽

恒温水槽の主要部分は水槽，温度調節器，加熱器，かきまぜ器である。制御用の温度センサーとして用いられるものには，サーミスターや温度測定用の IC がある。サーミスターは，金属酸化物の焼結体で，温度により素子の電気抵抗が変化し，周辺の回路などにより，0.01℃程度の精度が得られる．温度センサーの構造は様々で，温度の精度も±0.5 ～ 3℃程度の物もある．周辺回路を内蔵しているため，温度に比例した電圧や，デジタル変換された値が得られる物もある。

室温より低い温度での実験をする場合には，氷で冷やしたり，最近では冷却機能のついた恒温槽も普及しつつある。学生実験ではほとんど必要がないが，氷点以下の実験では不凍液等の使用が必要である。

4.3 過酸化水素の分解速度

§1 目　　的

硫酸鉄 (III) を触媒として過酸化水素の分解速度を過マンガン酸カリウム滴定法で残存過酸化水素を滴定することによって測定し，この反応が一次反応であることを明らかにする。また，この反応の反応速度定数を求める。

§2 要　　旨

化学反応速度は，濃度，光，触媒，均一反応か不均一反応かなど多くの要因に関係する。反応の速さとそれに影響を及ぼす因子との関係を明らかにすることは，反応機構を解明するために必要なことである。

A という化合物が反応により生成物 P になるような反応式は次式で表わされる。

$$\mathrm{A} \rightarrow \mathrm{P} \tag{4.1}$$

この反応が A に関して一次反応であると仮定すると，反応速度式は (4.2) 式で表わされる。

$$-\mathrm{d}[\mathrm{A}]/\mathrm{d}t = k[\mathrm{A}] \tag{4.2}$$

A の初濃度を C mol /L とし，t 時間の後，x mol /L が分解したとすると，その時の A の濃度は $(C-x)$ mol /L となり，(4.2) 式は (4.3) 式で表される。

$$-\frac{\mathrm{d}(C-x)}{\mathrm{d}t} = K(C-x) \tag{4.3}$$

(4.3) 式を書き直すと次式になる。

$$-\frac{\mathrm{d}(C-x)}{(C-x)} = K\mathrm{d}t \tag{4.4}$$

(4.2) 式の左辺につけた－は時間が経過すると濃度が減少するためである。(4.2) 式の K を反応速度定数という。反応の初めからその時までに変化した A の総量は，(4.3) 式を積分すれば得られる。(4.3) 式を積分すると (4.5) 式を得る。

$$-\ln(C-x) = Kt + a \tag{4.5}$$

a は積分定数である。$t=0$ のとき $x=0$ という条件を (4.5) 式に代入すると，$a=-\ln C$ となる。したがって，(4.5) 式は，次式となり，書き直すと (4.6) 式になる。更に自然対数を常用対数に直すと (4.7) 式になる。

$$\ln C - \ln(C-x) = Kt$$

$$K = \frac{1}{t}\ln\frac{C}{(C-x)} \tag{4.6}$$

$$K = \frac{2.303}{t}\log\frac{C}{C-x} \tag{4.7}$$

(4.7) 式からわかるように，一次反応においては K の単位は〔時間〕$^{-1}$ であり，反応の速さに応じて h^{-1}，min^{-1}，sec^{-1} など適当な単位を用いる。

(4.7) 式を書き直すと，(4.8)，(4.9) 式になる。

$$t = \frac{2.303}{K} \log \frac{C}{C - x} \tag{4.8}$$

$$\log(C - x) = -\frac{Kt}{2.303} + \log C \tag{4.9}$$

(4.8) 式または (4.9) 式は t と $\log(C - x)$ とが直線関係にあることを示す。

ある化学反応において実測した時間 t を横軸に，$\log(C - x)$ を縦軸にとってグラフを作成すると図 4.2 のような直線関係が得られるならば，この反応は一次反応であると推測できる。

この直線の傾きが $-\frac{Kt}{2.303}$ に相当するので，実際にグラフの値を読み取り，K の値を求めることができる。

(4.7) 式で C，$(C - x)$ は mol / L 単位の濃度であるが，これらの濃度は，それぞれ最初と t 時間後に滴定したとき消費する 0.02 mol/L-$KMnO_4$ 標準溶液の体積 (mL 単位) V_0，および V_t に比例する。mol / L 単位の濃度の代りに 0.02 mol/L-$KMnO_4$ 標準溶液の消費量 V_0, V_t, を用いると，(4.6) 式は (4.10) 式となる。

$$K = \frac{2.303}{t} \log \frac{V_0}{V_t} \tag{4.10}$$

測定時間 (t) 毎の V_t を測定し，$\log V_t$ を t に対してプロットすると図 4.2 のようなグラフを得る。t と $\log V_t$ とが直線関係にあることを知り，この反応が一次反応であることを確める。また K の値を求める。

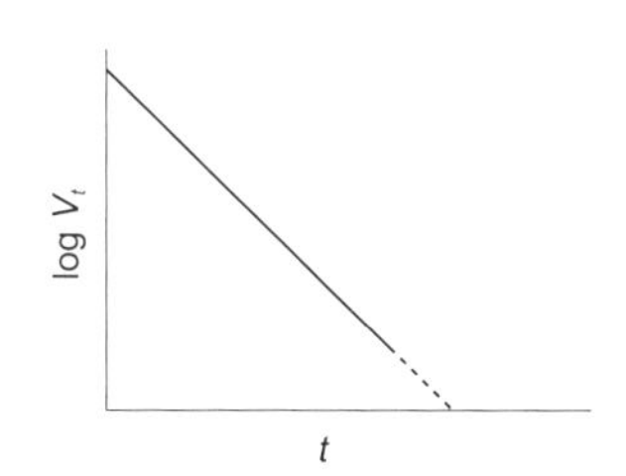

図 4.2　一次反応における時間と反応物の濃度との関係

§3　器具と試薬

器具または試薬	規　格	器具または試薬	規　格
恒温水槽	簡易型	過酸化水素水-0.6%	市販のオキシフルを 5 倍に希釈する。
三角フラスコ	300 mL		
三角フラスコ	200 mL	H_2SO_4 溶液-3 mol/L	
全量ピペット	10 mL	硫酸鉄 (III) アンモニウム溶液*-0.8 mol/L	
メスピペット	5 mL	駒込ピペット	5 mL
メスシリンダー	50 mL	$KMnO_4$ 標準溶液-0.1 mol/L。あらかじめ濃度を標定しておく。	
ビュレット	50 mL		
ビュレットスタンド			

＊　$(NH_4)Fe(SO_4)_2 \cdot 12H_2O$，式量 482.19，鉄ミョウバンともいう。この結晶 300 g を水に溶解して 1 L とする。この溶液に 6 mol/L-HNO_3 を約 200 mL 加えて褐色を退色させる。

§4 実験操作

操作手順	操作の要点
恒温水槽温度の設定	循環ポンプと温度調節器を用いる簡易型恒温水槽（図 4.1）を一定温度，例えば 20℃に設定する。〔注〕
↓	
過酸化水素水採取	スタンド等で恒温水槽に固定した 300 mL の三角フラスコに 0.6％過酸化水素水 200 mL を入れ，恒温水槽の水に約 10 分間浸して恒温水槽の温度と同じにする。
↓	
試薬の添加	メスピペットを用いて硫酸鉄(III)アンモニウム溶液 4 mL を加える。
↓	
混合・測定開始	三角フラスコの首部を握り，三角フラスコの底部を円形にまわして液を混ぜ，直ちに測定を開始する。〔†1〕
↓	
滴　定	全量ピペットで最初に過酸化水素水を 10 mL 分取する。この時を反応の初め $t = 0$ とし，以後 3，7，12，17，22，28，35，60，90 分毎に過酸化水素水を 10 mL ずつ分取し，硫酸溶液を入れてある 200 mL の三角フラスコに加えて迅速に 0.02 mol/L-$KMnO_4$ 標準溶液で滴定する。〔†2〕
↓	
グラフの作成	図 4.2 のようなグラフを作成する。〔†3〕
↓	
反応速度定数 K の計算	直線部分の 2 点の測定値 t_1，t_2，v_1，v_2，をそれぞれ t_0，t，v_0，v_t として (4.10) 式に代入して K の値を計算する。〔†4〕

〔†1〕 あらかじめ駒込ピペットで 3 mol/L-H_2SO_4 5 mL とメスシリンダーで水 50 mol/L ずつを加えた 10 個の 200 mL の三角フラスコを用意する。

〔†2〕 酸素ガスの気泡が生じやすいので，過酸化水素水を分取するときには，静かに全量ピペットで吸い上げる。過酸化水素水の分取回数は学生の実情に応じて増減させる。

〔†3〕 反応の初期と終期においては測定値が直線からはずれることがある。

〔†4〕 測定時間の単位は分であるから，K の値は min^{-1} 単位で表す。

〔注〕
恒温水槽がないときには，室温で行ってもよい。

4.4 銅クーロメーターによる電気量の測定

§1 目　　的

硫酸銅溶液に銅板を浸して電極とし，電流を通じて電気分解を行い，陰極に析出する銅の質量から電気量を求める。また，通じた電流の強さを電流計で測り，同時に時間を測定し，計算によって電気量を求める。2 つの方法によって得た電気量を比較する。

§2 要　　旨

電気分解に関する基礎であるファラデーの法則は，次の 2 つからなる。

(1) 同じ種類の物質を電気分解するとき，電解生成物の量は，通過する電気量に比例する。

(2) 同一の電気量で電解される電解質の量は，その物質の化学当量に比例する。

$$\text{銅の 1 グラム当量} = \frac{\text{Cu の 1 グラム原子}}{2} = \frac{63.54\ \text{g}}{2} = 31.77\ \text{g}$$

すなわち，96487 クーロンの電気量によって銅 31.77 g を析出する。1 クーロンによって析出する銅は 0.3293 mg である。したがって，1 g の銅を析出させるには 3037 クーロンを通じなければならない。

これらの関係から，電解によって析出する銅の質量を測定すれば，電解に用いられた電気量を知ることができる。

また，電気量は電流の強さをアンペア単位で，時間を秒単位で表せば，両者の積として求められる。

銅電量計は銀電量計ほど正確ではないが，費用が少なくてすみ，操作も簡易なために多く用いられている。

§3 器具と試薬

器具または試薬	規　格	器具または試薬	規　格
直流電源（整流器または電池）		ストップウォッチ	30 分計
電　流　計	500 mA	ビーカー	300 mL
摺動抵抗器	30 Ω・2A	ビーカー	100 mL
テーブルタップ		研　磨　紙	
コ　ー　ド	30芯平行ビニールコード	電子天びん	100 g 用
		電　解　液*2	
平形キャップ			
ワニロクリップ			
極　　板*1	銅		

＊1　厚さ 0.2 mm の銅板を図 4.3 のように切断する。

＊2　温水 1 L に $CuSO_4$・$5H_2O$　150 g を溶かし，冷却してから濃硫酸 50 g，エタノール 50 g を加える。

§4 実験操作

操作手順	操作の要点
銅極板の研摩と洗浄	銅極板表面（図 4.3）を研摩紙できれいに磨いた後，水で良く洗う。
↓	
極板の設定	極板の柄の上端を折り曲げてビーカーの上縁にかける。極板の上端をワニロクリップではさみ，300 mL のビーカーに入れた電解液に浸す。
↓	
電解・析出	図 4.4 のように配線し，300 mA の電流を約 10 分間通じて電解し，陰極銅板の表面に新しい銅を析出させる。
↓	
陰極銅板の乾燥・質量測定	陰極銅板を水洗した後，ビーカー中のエタノールに浸して洗い，乾燥してから電子天びんでひょう量する。
↓	
電　解〔注 1〕	ひょう量した陰極銅板を再び回路に設定し，摺動抵抗器を加減して電流を常に 300 mA に保ち，30 ～ 50 分間電解する。〔†1〕〔†2〕
↓	
陰極銅板の洗浄・乾燥	陰極銅板を回路からはずし，水洗し，ビーカー中のエタノールに浸した後，乾燥する。〔†3〕〔注 2〕
↓	
質量測定	乾燥した陰極銅板を電子天びんでひょう量する。
↓	
電気量計算	増加した陰極銅板の質量から電解に要したクーロン単位の電気量 (*A*) を求める。 また，電流計の読みと電解時間から算出した電気量を (*B*) とするし，(*B*/*A*) × 100 の値を求める。 *A* と *B* とが一致しなかったら，その理由を考える。

〔†1〕 電流密度が大きすぎると発熱し，正確な結果が得られない。陰極銅板 1 cm^2 あたり 0.002 ～ 0.02 A 程度が適当である。

〔†2〕 電解時間はストップウォッチで秒単位で正確に測定する。

〔†3〕 陰極銅板表面の銅の粒子が脱落することがあるので，水またはエタノールで洗ったあとに布や紙で極板表面をふいてはいけない。

〔注 1〕
電解実験は 2 回行う。
〔注 2〕
実験が終了したら，電解液とエタノールを元の容器にかえす。

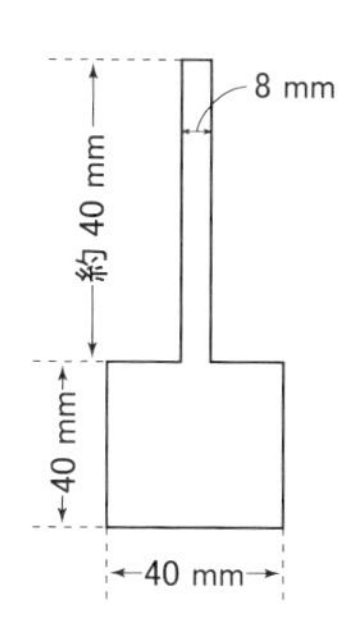

図 4.3　銅極板

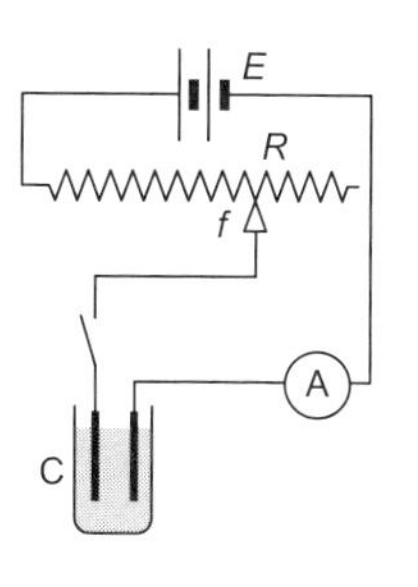

図 4,4　配線図

E：直流電源　　R：摺動抵抗器
Ⓐ：電流計　　C：電解液の入ったビーカー
（電極銅板が挿入されている）

4.5 凝固点降下法

§1 要　旨

水は0℃で凍結するが，食塩水はそれ以下の温度でないと凍結しないことはよく知られた事実であろう。このように，ある溶媒に溶質を溶かした時，溶かした溶質の物質量に比例して融点（凝固点）は低下する。この現象を凝固点降下という。

凝固点降下は溶質と溶媒の粒子量の比に比例する。すなわち，溶質の質量モル濃度に比例することになる。凝固点降下度をΔT(K)，質量モル濃度をm(mol/kg)とすると

$$\Delta T = k_m \times m$$

となる。この比例定数k_m(K·kg/mol)をモル凝固点降下と呼ぶ。

§2 ベックマン温度計

1/100℃刻みで目盛を振っているため，温度差を精密に測定することができる。拡大鏡を用いて目盛の1/10まで読むことで1/1000℃の測定が可能である。その代わり，測定範囲は極めて狭く（5～6℃）その範囲外の温度は測れない。また，温度計の表示は絶対値ではない（例えば1.356という表示は「1.356℃」を示しているわけではない）。あくまで「1/1000℃の精度で『温度変化』を読みとれる」温度計である。

上部の水銀だめから水銀を移動させて測定範囲を調整するため，温度計を横に倒すと，せっかく調整した測定範囲が狂ってしまう。温度計は45度以上に傾けないこと。また，水銀が途中で切れてしまうことがあるので，目盛りを読む前に温度計を軽く叩いてから読むと良い。水銀が切れてしまった場合は，一度温度を上げて水銀を上にあげてから再度冷却する。

下部の水銀だめのガラスは薄いので，強い衝撃を与えないように，また水銀の量が多い温度計なので，取り扱いには十分に気をつける。

§3 器具と試薬

器具または試薬	規　格	器具または試薬	規　格
ベックマン温度計		全量ピペット	40 mL
ストップウォッチ		ビーカー	50 mL
試料管		低温用アルコール温度計	
（外挿管，かきまぜ棒等含む）		ブドウ糖	
冷却槽		食塩（冷却槽用）	

§4 実験操作

1)　実験装置を図4.5のように組み立て，冷却槽にはアルコール温度計を挿入する。

2)　冷却槽に水と氷を入れ，食塩を加える。氷は水面から全体の2/3以上の高さを占めるぐらいまで加える。食塩はビーカーで2杯程度入れてしっかりかき混ぜて溶かす。底の方に溶け残るぐらい入れて良い。

3)　試料管に全量ピペットを用いて40 mLの水を加える。

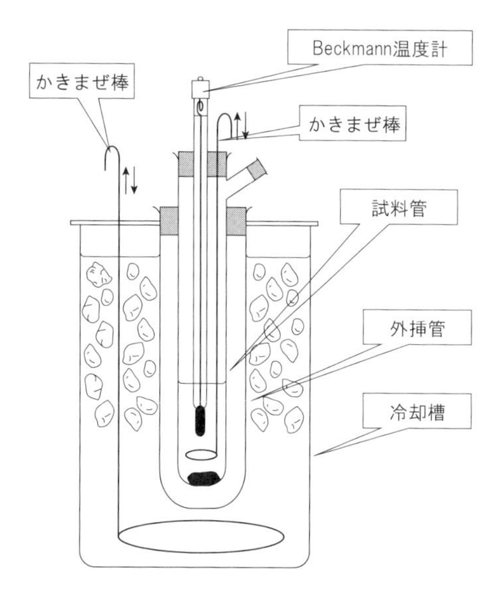

図 4.5 分子量測定装置

4) 試料管を直接冷却槽に浸し，あらかじめ凝固点まで冷却して凍らせた後，試料管を取り出し，手で温めて溶かしてから，外管にセットする。外管を冷却槽にセットし，試料管内をかきまぜながら冷却し，30 秒ごとに温度計を読みとる。温度が一定になってから，さらに 5 分まで測定する。

5) 溶質となるブドウ糖 0.6 g をビーカーに入れて精秤する。試料管を温めて水を解かした後，ビーカー中のブドウ糖を試料管に加えて完全に溶かす。加えた後のビーカーを精秤し，加えたブドウ糖の量を求める（このビーカーは次にもう一度使用する）。

6) 4) と同様にして試料管を冷却しながら，30 秒ごとに温度計を読み取る。温度がほぼ一定になってから（少しずつは低下するはず），さらに 5 分まで測定する。

§5 結果のまとめ

1. 縦軸に温度計の目盛り，横軸に時間を取り，冷却曲線をグラフで表しなさい。
2. 1. のグラフから凝固点降下を求め，水のモル凝固点降下 k_{m} を求めなさい。
3. 得られた水のモル凝固点降下を，文献値と比較しなさい。

§6 考察の例

1. 冷却曲線が，最初に融点より下がってしまうのはなぜか，調べなさい。
2. ブドウ糖をたくさん溶かすほど，得られるモル凝固点降下 k_{m} のずれは大きくなる。理由を考えなさい。
3. 凝固点降下から分子量を求めることができる。どのようにすればよいか考えなさい。また，この場合，あまり大きな分子量は求められない。なぜか考えなさい。

4.6 無機合成　～ミョウバンの合成～

§1　要　旨

ミョウバンとは，$M^{I}M^{III}(SO_4)_2 \cdot nH_2O$ の形で表される複塩（陽イオンもしくは陰イオンを複数種含む塩）である。M^{I} のイオンとしては，Na^+ や K^+ のようなアルカリ金属類のものが多い。一方，M^{III} のイオンは Al^{3+} などの 13 族典型金属イオンや，Cr^{3+} などの遷移金属イオンのものが一般的であり，ミョウバンの通称は，この三価のイオンの名前で呼ばれることが多い（例：Al^{3+} ならアルミニウムミョウバン，Cr^{3+} ならクロムミョウバン）。

ミョウバンの溶解度は，温度によってかなり大きく変化する。したがって，二種類の金属イオンと硫酸イオンが共存する溶液から，再結晶によって容易に得ることができる。この実験では，アルミ箔から生成するアルミニウムイオンをもとに，カリウムアルミニウムミョウバン（$KAl(SO_4)_2 \cdot 12H_2O$）を合成する。

§2　器具と試薬

器具または試薬	規　格	器具または試薬	規　格
ビーカー	100 mL	ガスバーナー	
ビーカー	200 mL	円形定性ろ紙	
ガラス漏斗		アルミ箔	
ろう斗台		水酸化ナトリウム	
ブフナー漏斗		濃硫酸	
吸引ビン		硫酸カリウム	
金　網		ケイソウ土（セライト）	
三　脚			

§3　注意事項

この実験で用いる水酸化ナトリウム溶液は，かなり濃度が高い強塩基である。取り扱いには十分注意する。眼鏡はきちんと着用し，絶対に目に入れないようにする。目に入ったら，即座に眼球洗浄器で 15 分洗浄する。

§4　実験操作

1)　水酸化ナトリウム 10 g を 200 mL ビーカーに入れ，100 mL の水を加えて全て溶かす。このうち半分を別の 200 mL ビーカーに入れ，これにアルミニウム箔 2 g をちぎりながら，少しずつ加える（水素が発生し発熱する反応なので，温度が上がり過ぎて溶液が飛び散らない程度に）。反応が進まなくなったら，残り半分の水酸化ナトリウム水溶液を加えて，ガスバーナーを用いて，三脚金網上で加熱する。黒色の不純物が残るので，これをひだ折りろ紙でろ過して除き，ろ液を 200 mL のビーカーにとる。

2)　200 mL のビーカーに水 40 mL を加え，濃硫酸 12.4 mL を徐々に加えて希硫酸とする（逆にしないこと）。この希硫酸を，上のろ液に少しずつ加えて中和すると，水酸化アルミニウムの白色沈殿が析出する。さらに希硫酸を加えると再びその沈殿が溶解する。中和熱によって溶液の温度が上がるため，ほとんどの水酸化アルミニウムが溶解するはずであるが，沈殿が残っている場合は，溶液を温めてできる限り沈殿を溶解する。

3) 100 mL ビーカーに 50 mL の水を入れて沸騰させ，これに硫酸カリウム 6.1 g を溶かす。この溶液を，上のアルミニウム溶液に加え，手早く混ぜた後，熱いうちにケイソウ土を敷いたブフナー漏斗を用いて吸引ろ過する。ろ液をビーカーに移して，冷却するとミョウバンの沈殿が生じるので，これを吸引ろ過して沈殿を得る。

4) ろ液が落ちなくなったのち，約 2 mL のエタノールで 2 回沈殿を洗う。

5) 風乾して質量を測定する。

§5 結果のまとめ

1. アルミニウムに関する反応について，化学反応式でまとめなさい。
2. 収量から，収率を計算しなさい。

   収率(%) ＝ ミョウバンの質量(g) ÷ 計算値(g) × 100

§6 考察の例

1. アルミ箔を，最初は硫酸ではなく水酸化ナトリウムに溶かすのはなぜか，考えなさい。
2. ミョウバンの基本構造を調べなさい。

5 有機化学実験

5.1 有機定性分析

§1 概　説

有機定性分析は，試料の物理的特性と化学的諸性質を調べ，試料がどのような性質をもつ有機化合物であるかを知るために行うものである。

化合物の確認のため，次のような事項について実験するのが普通である。

(1) 試料の状態。常温付近の温度で固体，液体，気体のいずれであるかを調べる。

(2) 色，臭，硬さなど直感的にわかることを調べる。

(3) 分離精製。試料から単一化合物を分取するため，蒸留，再結晶，抽出，分配クロマト法などを行う。

(4) 強熱試験。磁製るつぼに少量の試料を入れ，小さな炎で徐々に加熱し，融解，分解，ガスの発生，蒸発，燃焼，爆発などの変化を観察する。加熱したとき黒色の凝結物が生じるのは炭素の存在を示す。強熱して後に残るものは無機成分である。この無機成分が多いときは，無機成分は塩のかたちで存在している可能性が大きい。無機成分については無機定性分析を行う。

(5) 物理的特性の測定。融点，沸点，比重，屈折率，混融試験並びに赤外線，紫外線，可視線などの吸収スペクトルを測定する。

(6) 元素分析を行い成分元素を決定し，分子量を測定して分子式をきめる。

(7) 種々な溶剤に対する溶解度を測定する。

(8) 特性反応。有機化合物の基または構造と特別な反応をする試薬がある。このような特性試薬による定性試験をする。

(9) 誘導体を合成し，その物理的定数や特性を文献と比較する。

時間数の制限から，数種の定性反応を選んで実験する。

§2 器具と試薬

器具または試薬	規　格	器具または試薬	規　格
試 験 管		エタノール	無水エタノール
試験管立		無水酢酸	
バーナー		酪　酸	
駒込ピペット	1 mL	濃 硫 酸	
ビーカー	100 mL	石炭酸水溶液	10 g/L
フェーリング溶液第 1 液	$CuSO_4$・$5H_2O$ 69.2 g/L	*o*- クレゾール溶液	10 g/L
第 2 液	ロッシェル塩 346 g ＋ NaOH 140 g	塩化鉄 (III) 溶液	1%
ブドウ糖溶液	0.2%	アリザリンレッド S 溶液	0.1%
タンパク質溶液	カゼインと卵白 1 g/1% NaOH 1 L	硝酸アルミニウム溶液	10 mg/mL
硫酸銅(II)溶液-1%		KCl 溶液	1 mol/L
$AgNO_3$ 溶液-2%，HCHO 溶液-4%，NH_3 溶液-10%		硝酸鉄 (III) 溶液	10 mg/mL
グルタミン酸溶液	グルタミン酸 0.5 g/水 50 mL	ヨウ素 - ヨウ化カリウム溶液	10%
ニンヒドリン溶液	ニンヒドリン 1 g/エタノール 500 mL	水酸化ナトリウム溶液	10%
		過マンガン酸カリウム溶液	0.02 mol/L
		1-ブタノール	
		2-ブタノール	
		2- メチル-2-プロパノール	

§3 フェーリング反応

アルデヒド基（−CHO）をもつ化合物，例えばホルムアルデヒド，ブドウ糖，ギ酸などは本反応に対して陽性を示し，フェーリング溶液を作用させると赤色の酸化銅（I）の沈殿を生じる。

$$RCHO + 2Cu^{2+} + 4OH^- \longrightarrow RCOOH + Cu_2O + 2H_2O$$

乳酸，クロロホルム，ヨードホルム，抱水クロラールなども本反応に対して陽性である。

(1) フェーリング溶液の調製法

次の第 1 液と第 2 液を調製しておき，使用する直前に両液を等量ずつ混合して用いる。

第 1 液：硫酸銅（II）五水和物 $CuSO_4$・$5H_2O$ 69.2 g を水に溶かして 1 L とする。

第 2 液：酒石酸ナトリウムカリウム（ロッシェル塩）の結晶 $C_4H_4O_6NaK$・$4H_2O$ 346 g と水酸化ナトリウム 140 g とを水に溶かして 1 L とする。貯えるガラスビンにはコルク栓を用いる。

(2) 実験操作

1）フェーリング溶液 1 mL を試験管にとり，加熱しても変化の起こらないことを確かめる。

2）冷却したのち，0.2%ブドウ糖溶液 1 mL を加えて加熱する。液は黄色に着色して濁り，褐色となり，しだいに赤色の酸化銅(I) の沈殿が認められるようになる。

§4 ビウレット反応

ビウレット反応はタンパク質に共通な呈色反応である。ビウレット $H_2N-CO-NH-CO-NH_2$ またはタンパク質の−CO−NH−CH−CO−NH−構造と銅イオンとが作用して紫色の銅錯塩を形成することに基づく反応である。

この実験で硫酸銅 (II) 溶液を加えすぎると硫酸銅 (II) 溶液または水酸化銅 (II) の青色のため，ビウレット反応の紫色の判定が難しくなる。また，試料中にアンモニアが存在するとテトラアンミン銅 (II) 錯イオンが生成し，その濃青色のために識別が困難になる。

〔実験操作〕

1) カゼインと卵白アルブミン各 0.1 g を別々のビーカーにとり，1%の水酸化ナトリウム溶液 1 L を加え，加熱して溶解してタンパク質試料溶液とする。

2) タンパク質試料溶液 1 mL を試験管にとり，1%の硫酸銅 (II) 溶液 1 ～ 2 滴を加えて色調を観察する。カゼインは紫色に，アルブミンは青紫色に発色する，なお。アルブミンの場合は沈殿を生じる。硫酸銅 (II) 溶液を 3 滴以上加えると銅 (II) イオン (Cu^{2+}) による着色が強くなるので加え過ぎないようになる。

§5 ニンヒドリン反応

ニンヒドリン反応は，酸化されてアンモニアを生じるアミノ基をもつアミノ酸やタンパク質にニンヒドリンを作用させると，赤紫色に呈色する反応である。この反応はアミノ酸の定性及び定量分析に応用される。

〔実験操作〕

グルタミン酸 0.5 g を水 50 mL に溶かした溶液の 1 mL を，駒込ピペットを用いて試験管に分取し，ニンヒドリン 1 g をエタノール 500 mL に溶かした溶液 1 ～ 2 滴を加えて湯浴中で加熱し，色の変化を見る。また，§4 のタンパク質試料溶液についてもグルタミン酸の場合と同様にニンヒドリン反応を試みる。

§6 エステル化反応

炭素数の少ない一価アルコールは有機酸，酸塩化物，酸無水物などと作用してエステルを作り，特有な果実様の香気を発生する。

〔実験操作〕

2 本の試験管に無水エタノールを 1 mL ずつ入れる。駒込ピペットを用い，1 本の試験管には無水酢酸 1 mL，他の試験管には酪酸 1 mL を加える。両試験管に管内壁にそって 1 滴の濃硫酸を加え，3 ～ 5 分間湯浴中で加熱する。冷却してから水 5 mL ずつを加えて希釈し，匂いをかいでみる。

$$C_2H_5OH + (CH_3CO)_2O \rightleftharpoons C_2H_5OCOCH_3 + CH_3COOH$$

$$C_2H_5OH + CH_3CH_2CH_2COOH \rightleftharpoons C_2H_5OCOCH_2CH_2CH_3 + H_2O$$

器具はよく乾かしたものを用いる。

§7 フェノールと塩化鉄(III) との反応

フェノール類の溶液に，希薄な塩化鉄(III) 溶液を加えると特徴のある呈色反応を示す。これらは，フェノールの鉄(III) 塩または錯塩を形成することに基づく反応である。

〔実験操作〕

1%フェノール（フェノールの構造式：ベンゼン環−OH）溶液と1% *o*-クレゾール（o-クレゾールの構造式：CH_3 置換ベンゼン環−OH）溶液を1 mLずつ別々の試験管にとる。両試験管に1%塩化鉄(III)溶液を1滴ずつ加えて色調の変化を観察する。石炭酸は紫色，クレゾールは黄緑色に発色する。

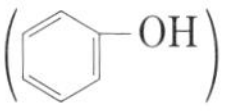

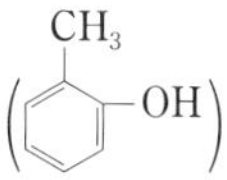

§8　アリザリンと金属イオンとの反応

アリザリンまたはその誘導体はアントラキノン骨格の右肩に結合している水酸基の作用で水に不溶性の金属塩または金属錯塩を形成する。金属の種類によって色調は違うが美しく，安定なレーキ（1.5 §3〔注2〕参照）を作る。このためにアリザリンまたはその誘導体は古来有名な媒染染料となっている。K^+と作用したときの反応は次のようである。

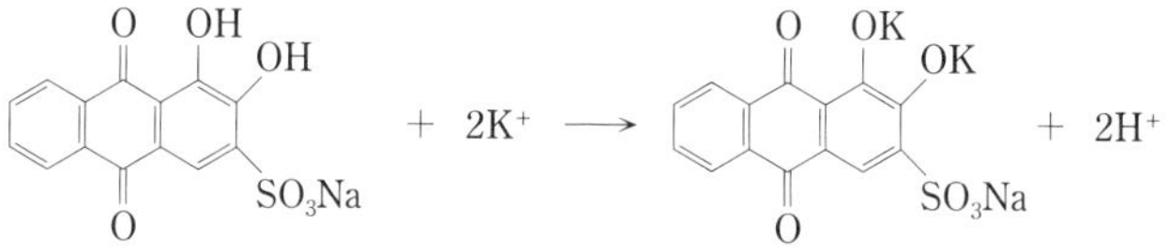

$$\text{アリザリンレッドS (O, OH, OH, SO}_3\text{Na)} + 2K^+ \longrightarrow \text{(O, OK, OK, SO}_3\text{Na)} + 2H^+$$

アリザリンレッドS

〔実験操作〕

0.1%アリザリンレッドS溶液1 mLずつを3本の試験管にとる。硝酸アルミニウム，硝酸鉄(III)，塩化カリウムなどの水溶液を各々1～2滴ずつをとり，前に用意した3本の試験管に別々に加える。

Al^{3+}　赤色，　Fe^{3+}　黒紫色，　K^+　赤紫色

§9　銀鏡反応

硝酸銀水溶液にアンモニアを加えると，まず酸化銀の沈殿を生じるが，さらにアンモニア水を加えると沈殿が溶ける。この溶液をトレンズ試薬（Tollens' reagent）という。この試薬はおだやかな酸化剤で，アルデヒドのような酸化されやすい物質を加えると次の反応で銀イオンが還元されて銀を生じる。この銀がガラス容器の内壁面に析出して鏡のようになる。この反応を銀鏡反応という。

$$RCHO + 2[Ag(NH_3)_2]^+ + 2OH^- \longrightarrow 2Ag + RCOO^- + NH_4^+ + 3NH_3 + H_2O$$

〔実験操作〕

1）　きれいに洗った2本の試験管に2%硝酸銀溶液1 mLずつをとり，10%アンモニア水を1滴ずつ加えて振りまぜる。

2）　生じた酸化銀の褐色沈殿が溶けてしまうまでアンモニア水を加える。アンモニアが過剰に存在すると試薬感度が低下するので，アンモニア水を加えすぎないようにする。

3）　1本の試験管にはホルムアルデヒド溶液，他の試験管には§3で用いたブドウ糖溶液を3～4滴加える。約60℃の湯浴に試験管を浸して暖める。液は黒褐色になり，試験管内面に銀鏡を生じる。

〔注〕

試験管内の液を廃液容器に捨て，6 mol/L-HNO_3数滴加えて銀鏡の銀を溶かして廃液容器に入れる。廃

液に塩酸を加えて AgCl の沈殿をつくり，ろ別する。ろ液は捨てる。廃液を長く放置すると爆発性の化合物をつくることがある。

§10 ヨードホルム反応

アセチル基（CH_3CO^-）を持つアルデヒドもしくはケトンに，アルカリ性溶液中でヨウ素を加えると，カルボニル基に隣接したアセチル基中のメチル基水素が全てヨウ素に置換された後，分解してヨードホルム（CHI_3）とカルボン酸（実際は塩基性条件のためカルボン酸塩）を生じる。

$$R\text{-}COCH_3 + 3I_2 + 4NaOH \longrightarrow CHI_3 + R\text{-}COONa + 3NaI + 3H_2O$$

エタノールやイソプロピルアルコールはカルボニル基を有しないが，ヨウ素によって酸化（§11）されてアセチル基を生じるため，ヨードホルム反応を示す。一方，酢酸や酢酸エチルもアセチル基を有するが，これらはヨウ素置換後に続く分解反応が起こらないため，ヨードホルムを生じない。

〔実験操作〕

1） 試験管に水 1 mL とエチルアルコール 4 滴を加える。
2） ヨウ素 - ヨウ化カリウム溶液（ヨウ素を含む 10%ヨウ化カリウム溶液）を黄色く着色するまで，かきまぜながら 1 滴ずつ加える。
3） 10%水酸化ナトリウム溶液を 3 滴加える。
4） この混合溶液を約 60℃の湯浴で 5 ～ 10 分間加熱する。

§11 アルコールの酸化反応

アルコールは，過マンガン酸カリウム等の酸化剤を加えることによって酸化される。この時にできる化合物は，アルコールの級数によって異なる。第 1 級アルコールは，酸化するとアルデヒドになるが，過マンガン酸カリウムのような強い酸化剤を用いた場合は，生成したアルデヒドがさらに酸化され，最終的にカルボン酸が生成する。一方，第 2 級アルコールは，酸化されるとケトンになる。第 3 級アルコールは基本的に酸化されない。

〔実験操作〕

1） 過マンガン酸カリウム溶液 2 mL を 3 本の試験管にとる。
2） それぞれの試験管に 1-ブタノール，2-ブタノール，2-メチル-2-プロパノールを 10 滴ずつ加えてよく振りまぜる。
3） 変化が現れない時は，さらに 5 滴ずつアルコールを加えてみる。

§12 結果のまとめ

1. §3 から§11 までの各実験について，それぞれの反応の結果をまとめなさい。
2. §3 から§11 までの各実験の反応の条件と原理について，できる限り化学式などを用いて具体的に説明し，今回の結果と比較しなさい。

§13　考察の例

1. §3の実験の終了後は，なるべく早く専用の廃液入れにいれて処理する必要がある。これはなぜか，調べなさい。
2. §11の実験のアルコールの酸化について，他に良く用いられる酸化剤と，予想される反応結果について調べなさい。

5.2 アセトアニリドの合成

§1 器具と試薬

器具または試薬	規　格	器具または試薬	規　格
メスシリンダー	100 mL	金　網	
ビーカー	200 mL	三　脚	
ビーカー	100 mL	ガスバーナー	
三角フラスコ	100 mL	円形定性ろ紙	
栓つきフラスコ	100 mL	アニリン	
漏斗		無水酢酸	
ブフナー漏斗		無水酢酸ナトリウム	
吸引ビン		濃塩酸	
メスピペット（アニリン，無水酢酸採取用）	5 mL	活性炭	

§2 実験操作

実験 ① アセトアニリドの合成

1) メスシリンダーを用いて 70 mL の水を 100 mL ビーカーに入れ，メスピペットを用いて濃塩酸 2.3 mL を取って，これに加える。この希塩酸液に，メスピペットを用いてアニリン 2.5 mL を加え，全て溶かす。活性炭を 0.5 g 加え，5 分ほどかきまぜた後，ひだ折りろ紙を用いて活性炭をろ過する。ろ液は 200 mL ビーカーにとる。

2) 無水酢酸ナトリウム 2.7 g をあらかじめ量りとっておく。

3) メスピペットを用いて無水酢酸 3.2 mL を取り，1) のろ液にかき混ぜながら加える。加え終わったら，直ちに 2) で量り取った無水酢酸ナトリウムを加えて，さらにかき混ぜる。

4) 氷でビーカーを冷却した後，生成した固体をブフナー漏斗を用いて吸引ろ過する。ブフナー漏斗と吸引ビンは数に限りがあるので，使用した後はすぐにろ紙ごと固体を新聞紙の上に移動させ，吸引ビンの中身は廃液入れに入れる。漏斗と吸引ビンは洗って次の使用者に渡す。

実験 ② 吸引ろ過とアセトアニリドの再結晶

1) あらかじめひだ折りろ紙を折っておき，使用する漏斗と共に，80℃に加熱した乾燥器に入れて温めておく。

2) 100 mL ビーカーにメスシリンダーを用いて 50mL の水を加え，合成したアセトアニリドを 2.5 g を加える。金網上にビーカーを置き，ガスバーナーで 80℃ぐらいまで加熱する。

3) ほとんどの固体が溶けたら（全て溶けなくて良い）溶液を，手早く熱いうちにあらかじめ温めておいた漏斗とろ紙を用いてろ過する。ろ液を氷で冷却し，生成した固体をブフナー漏斗を用いて吸引ろ過する。

§3 結果のまとめ

1. それぞれのろ過の方法について，テキストに書かれている以外のどのような場面で用いるべきかを考え，それぞれ最低 1 つずつあげなさい。

2. アセトアニリドの溶解度は次の通りである。実験②で得られる固体の量を概算で求め，得られた量と比較しなさい。

温度（℃）	0	10	20	30	40	60	80	100
溶解度（g）	0.360	0.441	0.561	0.729	0.975	1.86	4.5	7

§4 考察の例

1. アスピレータの使用後，先に水道を止めるとどのようなことが起こりうるか，考えなさい。
2. アセトアニリドの合成法はこれだけではない。他の合成法を調べ，文献と共に示しなさい。

［注］ろ過と再結晶

ろ過とは，固体の混ざった溶液をろ紙のように目の細かい素材（紙など）を通すことによって，固体と溶液を分離する手法である。溶液は素材中の穴を通過することができるが，固体のように大きい物質は穴を通り抜けることが出来ないことによるものである。したがって，ろ過できるかどうかは固体の大きさと目の細かさに依存する。

ろ過を用いる場面は二通りある。1つは固体の混ざった溶液から固体を取り除くために用いる場合で，したがって，この場合は必要なのは「ろ液」ということになる。一方，再結晶などで目的物が固体として沈殿した場合，これをろ過によって得ることもできる。この場合は必要なのはろ紙の上に乗った「固体」ということになる。必要なものが「ろ液」か「固体」かによって，用いるろ過の手法も異なるので，どのような場合に使われるかを考えなければならない。

再結晶とは溶解度の差を利用し，それ以上物質が溶解しなくなった溶液（飽和溶液）の溶解度を低下させることによって，とけきれなくなって沈殿してくる（析出する）純粋な固体を得る方法である。溶解度を下げる方法としては，温度を下げることが一般的であるが，溶媒の量を蒸発によって減らしたり，溶解度の低い溶媒（貧溶媒）を混ぜて溶解度を下げるという方法もとられる。

合成実験では，ろ過や再結晶の手法は不可欠といってよい。今回は，有機化合物であるアセトアニリドの合成実験の中で，様々なろ過の手法や再結晶法を習得する。

ろ紙の種類とろ過の方法

ろ紙には裏表がある。触って滑らかな方が表である。表側に固体を集めるようにする。

ろ紙には番号が書いてあり，メーカーにより番号付けの基準は異なるが，番号の違いは，ろ紙の目の細かさの違いである。例えば，ADVANTEC（東洋濾紙）製の場合，No. 2は比較的目の粗いろ紙であるのに対し，No. 5Cは目の細かいろ紙で，硫酸バリウムのような細かい沈殿をろ過するのに向いている。

一般的に，目の細かいろ紙は，細かい粒のろ過ができる反面，ろ過速度が遅くなったり，目詰まりしやすいことに留意する。沈殿の細かさとろ過速度を考えて，適切なろ紙を選ぶことが肝要である。

(1) 通常ろ過

ろ紙を四つ折りにし，ろ紙の円すい角に合わせて密着させる一般的なろ過方法。詳しくは p.37 を参照。

(2) ひだ折りろ紙を用いたろ過

活性炭の除去など，ろ液のみが必要で沈殿は必要ない場合に限り，ろ過時間を短縮するためにひだ折りろ紙を用い，表面積を多くすることでろ過速度を速めることができる。

(3) 吸引ろ過

減圧ポンプなどを用いて減圧し，大気圧との吸引ビン内の圧力差を利用してろ過する方法。通常の漏斗を用いると圧力差によってろ紙を吸い込んだり，ろ紙が破れたりするので，ブフナー漏斗（ヌッチェ）を用いる。吸引ビン内の圧力を減少させるためには，実験室ではアスピレータを用いる。減圧時は，蛇口をほぼ全開にしてアスピレータに水を流す（周りに水が飛び散らないように注意）。減圧を止めるときは，先に吸引ビンとアスピレータの接続を外し，ビン内の圧力を大気圧に戻す。先に水道を止めないこと（水が逆流することがある）。

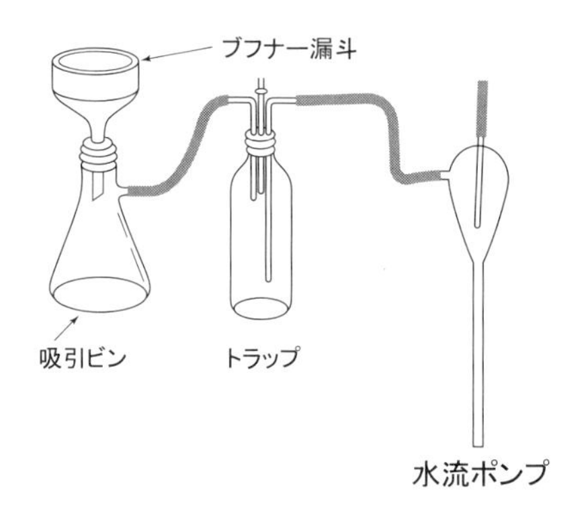

図 5.1 吸引ろ過装置

5.3　せっけんの合成

§1　目　　的

代表的界面活性剤であるせっけんの製造と界面活性剤の性質に関する実験を行い，ケン化反応機構と界面活性剤の性質を理解する。

§2　界面活性剤

界面エネルギーに著しい影響を与えるものを界面活性剤という。古くから広く用いられている界面活性剤であるせっけんについて述べる。せっけん分子は図5.2に示したように，長い鎖状のアルキル基の末端に $-C\langle^{O}_{ONa}$ 基が結合している。アルキル基は親油性で脂質に溶けやすい性質を示し，$-COONa$ 基は親水性で水に溶けやすい性質を示す。このように，分子が親油性基と親水性基を併せもち，両者のつり合い（HLB値と呼ばれる）が適当であると，その化合物は図5.3に示すように界面に吸着され，その界面張力を減少させる。

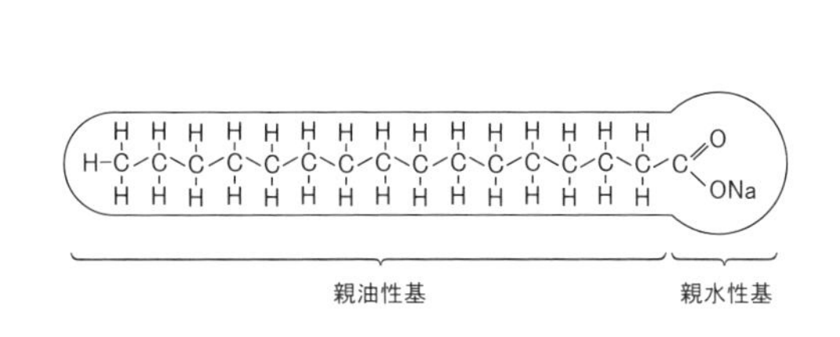

図5.2　せっけん分子の概念図

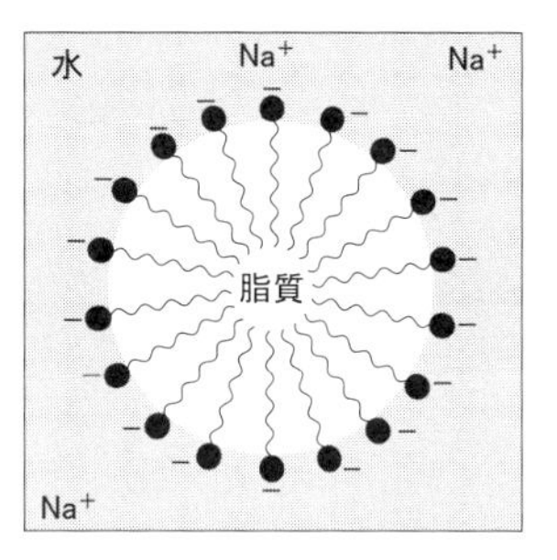

図5.3　せっけん分子の脂質界面への吸着
（脂質はミセルをつくり，コロイドになる）

親水性と親油性とのつり合いが洗剤として適当であるものは炭素数 C_8 ～ C_{18} の脂肪酸のナトリウム塩である。水にせっけんを0.1～0.25%加えると，水の表面張力は約1/3程度に減少する。この現象とせっけんの洗浄作用とは密接な関係があると考えられている。

せっけんは優れた洗浄剤であるが欠点もある。その1つは Ca^{2+}，Mg^{2+} などを多量に含む硬水，海水，温泉水などにせっけんを溶かすと水に不溶性のカルシウムまたはマグネシウムせっけんをつくり，凝集して水面に浮かび洗浄作用を示さない。もう1つの欠点は，脂肪酸は弱酸であり，そのナトリウム塩であるせっけんは塩酸，硫酸などのような強酸を含む水溶液中においては分解されて遊離脂肪酸を生じ，水溶液の表面に浮かび，洗浄作用を示さない。また，せっけんは加水分解してアルカリ性を示すので動物性繊維をいためる危険がある。これらのせっけんの欠点はカルボキシル基の性質に基づくものである。それ故カルボキシル基の代りに，それよりも電離度が大きく，また，アルカリ土類金属塩でも水に溶けやすい親水性基，例えば，$-SO_3H$，$-O-SO_3H$ などをもつ界面活性剤を合成すれば，せっけんの欠点が除かれた洗浄剤が得られるはずである。この条件に適合するものとしてセチル硫酸エステルのナトリウム塩 $C_{16}H_{33}OSO_3Na$，あるいはアルキルベンゼンスルホン酸ナトリウム，例えば，$C_{12}H_{25}-C_6H_4-SO_3Na$ など多数の界面活性剤が市販されている。

§3　油脂のケン化

油脂を水酸化ナトリウムでケン化する一般式は次のとおりである。

$$\begin{matrix} H_2COCOR_1 \\ | \\ HCOCOR_2 \\ | \\ H_2COCOR_3 \end{matrix} + 3NaOH \rightleftarrows \begin{matrix} H_2COH \\ | \\ HCOH \\ | \\ H_2COH \end{matrix} + \begin{matrix} R_1COONa \\ R_2COONa \\ R_3COONa \end{matrix}$$

R_1, R_2, R_3：アルキル基

このケン化反応は水酸イオンの親核置換反応である。脂肪酸とグリセリンの1つのエステル結合のケン化反応について説明する。他のエステル結合についても同様な反応が繰り返される。

$$NaOH \longrightarrow Na^+ + OH^- \tag{5.1}$$

〔I〕に示すように，カルボニル基の分極によって生じた陽性炭素原子に（5.1）式によって生じた水酸基が求核的に付加して〔II〕になる。〔II〕は $-\overset{|}{\underset{|}{C}}-\overline{O}| \longrightarrow -\overset{|}{\underset{|}{C}}=\overline{O}$ になろうとする力によって〔III〕と〔IV〕に分裂する。

$$\underset{〔I〕}{R_1-\overset{\delta+}{C}(-OR_4)=\overset{\delta-}{O}} + OH^- \longrightarrow \underset{〔II〕}{\left[R_1-C(OH)(-OR_4)-\overline{O}|^-\right]} \longrightarrow \underset{〔III〕}{R_1-C(OH)=\overline{O}} + \underset{〔IV〕}{R_4-\overline{O}|^-}$$

$$R_4: \begin{matrix} H_2C- \\ | \\ HCOCOR_2 \\ | \\ H_2COCOR_3 \end{matrix}$$

$$\underset{〔III〕}{R_1C(OH)=O} + Na^+ \longrightarrow \underset{\text{脂肪酸のナトリウム塩（せっけん）}}{R_1C(ONa)=O} + H^+$$

$$\underset{〔IV〕}{R_4-\overline{O}|} + |\overline{O}(H)-H \rightarrow \left[R_4-\overline{O}| \rightarrow H \cdots |\overline{O}-H\right] \rightarrow R_4-\overline{O}-H + {}^-|\overline{O}-H$$

油脂は水酸化ナトリウム溶液には溶けないから，ケン化反応は不均一反応で，その反応速度は二相の接触面積に比例する。反応を能率よく進めるには接触面積を大きくする必要がある。このため，あらかじめ製造してあるせっけんの小片を加えてかきまぜて油脂を乳化させ，細かい粒子としてアルカリ溶液中に分散させる。ケン化したのちグリセリン，過剰の水酸化ナトリウム，色素などを除くために塩析をする。塩析は濃い塩化ナトリウム溶液に対してせっけんの溶解度が小さいため，せっけんが析出する性質を利用するものである。ケン化反応は可逆反応で，1回のケン化操作では未ケン化の油脂が残存してせっけんの品質を劣化させる。第1回の塩析の次に30％程度の水酸化ナトリウム溶液を加えて仕上煮を行い，さらに仕上塩析を行うと品質のよい

せっけんが得られる。得られたものは素地せっけんで約 30%の水分を含み，原料油脂に対して約 150%の収率である。乾燥して水分含有率 11 ～ 14%程度にする。

§4　器具と試薬

器具または試薬	規　格	器具または試薬	規　格
鉄製コップ（またはビーカー）	ホーロー引き 300 mL	ビーカー	300 mL
上皿天びん	100 g 用	ビーカー	100 mL
メスシリンダー	50 mL	蒸発皿	
メスシリンダー	20 ml	試験管	
さじ	ガラス製またはステンレス製	駒込ピペット	灯油用 2 mL
		試験管立	
バーナー		NaOH 溶液-8%	
金網	15 × 15 cm	飽和食塩水	
三脚		$CaCl_2$ 溶液-5%	
油脂	ヤシ油 30%と牛脂 70%の混合油脂	H_2SO_4 溶液-3 mol/L	
		灯油	
せっけん	大豆ぐらいの大きさのもの		

§5　実験操作

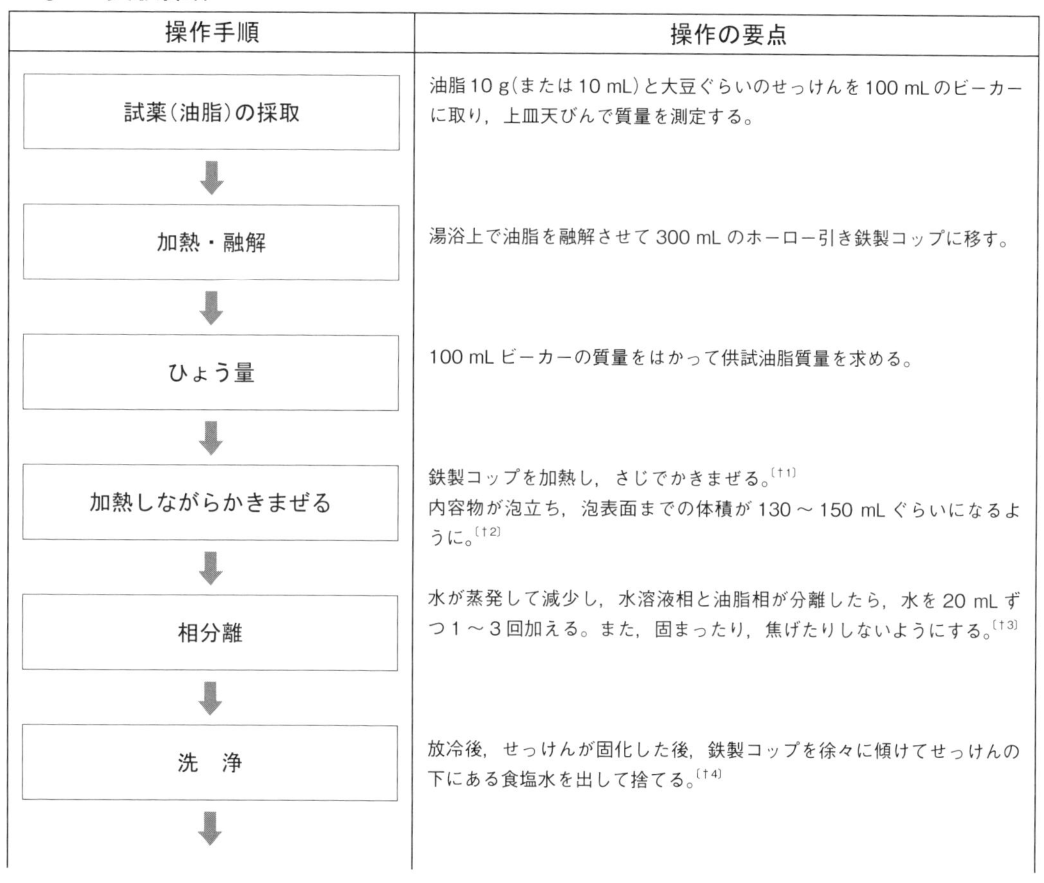

操作手順	操作の要点
試薬（油脂）の採取	油脂 10 g（または 10 mL）と大豆ぐらいのせっけんを 100 mL のビーカーに取り，上皿天びんで質量を測定する。
↓	
加熱・融解	湯浴上で油脂を融解させて 300 mL のホーロー引き鉄製コップに移す。
↓	
ひょう量	100 mL ビーカーの質量をはかって供試油脂質量を求める。
↓	
加熱しながらかきまぜる	鉄製コップを加熱し，さじでかきまぜる。[†1] 内容物が泡立ち，泡表面までの体積が 130 ～ 150 mL ぐらいになるように。[†2]
↓	
相分離	水が蒸発して減少し，水溶液相と油脂相が分離したら，水を 20 mL ずつ 1 ～ 3 回加える。また，固まったり，焦げたりしないようにする。[†3]
↓	
洗　浄	放冷後，せっけんが固化した後，鉄製コップを徐々に傾けてせっけんの下にある食塩水を出して捨てる。[†4]
↓	

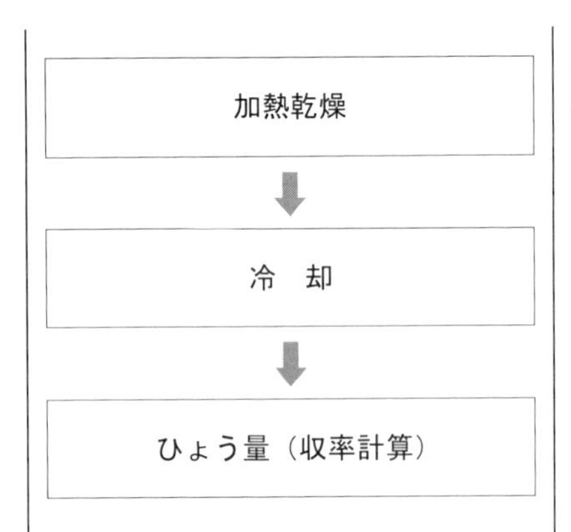

せっけんをあらかじめ質量を測定しておいた蒸発皿に移し，焦げない程度に弱い炎で 5 ～ 10 分間加熱乾燥する。

せっけんが固化したのち分離した水を除き，せっけんの重量を測定し，原料油脂に対する収率を求める。

〔†1〕 せっけん粒が残っても油脂がとけて均一になったら，8% NaOH 40 mL のうち初めの 20 mL はメスシリンダーを用い少量ずつ 2 ～ 3 分間に徐々に加え，残り 20 mL は手早く加え，さらに水 70 mL を加える。
〔†2〕 泡立ちが激しくなったら加熱を加減してあふれないようにする。内容物が均一な白濁液になっていれば正常である。約 50 分間かきまぜながら加熱を続ける。
〔†3〕 加熱が終わった時に相当量の水分が残っていなければならない。さじですくえば糸を引く糊状均質液となる。内容物が熱いうちに約 150 mL の飽和食塩水を加えてかきまぜないで加熱を続けると，せっけんが分離して上層に浮く。
〔†4〕 冷水約 100 mL を加えてせっけん塊の表面に付着している食塩を洗い，水を除く。

〔注 1〕
油脂 A(g) をケン化するのに要する水酸化ナトリウムの理論量 W(g) は，油脂のケン化価 S を知れば，次式で計算される

$$W = SA/1403$$

油脂のケン化価は実験で求めることができるが，文献からおおよその値を知ることができる。例えば，ヤシ油は 245 ～ 271，牛油は 190 ～ 202，大豆油は 183 ～ 196 である。少量の油脂をケン化するときには理論量より過剰な水酸化ナトリウムを用いる。
〔注 2〕
一般にせっけんを構成している油脂酸の融点よりやや高い温度において，せっけんの洗浄能が大きい。洗剤の最適濃度は，臨界ミセル濃度かそれよりわずかに高い濃度である。多くの場合 0.2 ～ 0.4%である。

§6　発展的実験操作

1)　2 本の試験管に 10 mL ずつの水を入れ，両試験管に灯油を 5 ～ 6 滴ずつ加える。マッチの頭大のせっけんを 1 本試験管に加える。両試験管の口をおさえて振りまぜたのち静置し，液の状態を比較観察する。

2)　試験管にマッチの頭大のせっけんを入れ，水 5 mL を加えて振りまぜてせっけんを溶かす。次に 5% $CaCl_2$ 水溶液を 1 mL 加えて振りまぜると浮遊物が現れる。変化を観察し，その化学反応を考える。

3)　試験管にマッチ棒の頭大のせっけんと水 5 mL を入れ，振りまぜてせっけんを溶かす。次に 5 滴の 3 mol/L-H_2SO_4 を加えて振りまぜたのち静置する。どのような現象が見られるか。それは何故か。この化学反応式を書きなさい。

補　遺

1　pH の測定　～ pH メーターの使い方～

§1　要　　旨

pH とは，水素イオン濃度（$[H^+]$）を常用対数で表すことで，溶液の酸性度を示す指標である。水素イオン濃度と pH の関係は

$$pH = -\log [H^+]$$

で表される。

pH メーターは，ガラス薄膜で隔てられた電極内に溶液と電極を入れ，測定溶液中の水素イオン濃度との差によって発生する電位差を測定するものである。したがって，測定値はあくまで「電位差」なので，これを pH に換算するためには「得られた電位差がどの pH に相当するか」を決定しなければならない。これを「較正」といい，pH メーターに限らず，ほとんどの測定電子機器類で必要な作業である。

この実験では，pH メーターの使い方や較正の方法を習得し，較正した pH メーターによる pH の測定から，中和滴定における滴定曲線を求める。

§2　pH メーターの使い方と較正方法

pH 測定電極の使用前は，必ず電極横の蓋を開けてから使用する。実験後は必ず閉めること。pH メーターでは，pH があらかじめわかっている緩衝液（pH が大きく変動しない溶液）を用いて，あらかじめ較正を行う。緩衝液は通常，次の 3 つが使われる。

フタル酸緩衝液（フタル酸水素カリウム）（pH 4.01）

リン酸緩衝液（リン酸水素ナトリウム＋リン酸二水素カリウム）（pH 6.86）

ホウ酸緩衝液（ホウ酸ナトリウム）（pH 9.18）

まず，中性のリン酸緩衝液に pH メーターを漬けて，静かに振りまぜる。表示値が安定したら，中性の較正ボタン（機種によって異なる）を押す。電極を蒸留水で洗浄し，ろ紙を柔らかく当てて，ある程度水を吸い取る。次に，酸性の溶液を測定する時は酸性のフタル酸緩衝溶液に，塩基性の溶液を測定する時はホウ酸緩衝液に漬けて静かに振りまぜる。表示値が安定したら，二点目の較正ボタン（機種によって異なる）を押す。

電極の先は乾燥させてはならない。常に水に漬けておくか，水を入れたキャップを付けておく。

§3　器具と試薬

器具または試薬	規　格	器具または試薬	規　格
pH メーター		メスシリンダー	100 mL
マグネティックスターラー		全量ピペット	1 mL
ビュレットとビュレット台	50 mL	全量ピペット	10 mL
緩衝液用ビーカー	50 mL	水酸化ナトリウム溶液	0.1 mol/L
ビーカー	100 mL	リン酸溶液	0.1 mol/L
ビーカー	200 mL	塩化ナトリウム	
メスフラスコ	100 mL		

§4 実験操作

実験 ① 塩基水溶液の pH 測定

1) 中性の緩衝液（リン酸緩衝液）を用いて，pH 7 付近の較正を行う。
2) 塩基性の緩衝液（ホウ酸緩衝液）を用いて，pH 9 付近の較正を行う。
3) 0.1 mol/L 水酸化ナトリウム溶液 50 mL（メスシリンダーで良い）を 100 mL ビーカーに入れ，pH を測定する。
4) 0.1 mol/L 水酸化ナトリウム溶液を全量ピペットで 1 ml とり，100 mL 全量フラスコに加え，水を加えて 0.001 mol/L 水酸化ナトリウム溶液を調製する。
5) 0.001 mol/L 水酸化ナトリウム溶液 50 mL を（メスシリンダーで良い）100 mL ビーカーに入れ，pH を測定する。

実験 ② pH メーターを用いた酸塩基滴定

1) 中性の緩衝液（リン酸緩衝液）を用いて，pH 7 付近の較正を行う。
2) 酸性の緩衝液（フタル酸緩衝液）を用いて，pH 4 付近の較正を行う。
3) 塩化ナトリウム 0.45 g をビーカーに取り，水 150 mL に溶かして，0.05 mol/L 塩化ナトリウム溶液を調製する（濃度は厳密でなくて良い）。
4) 0.1 mol/L リン酸 10 mL を 0.1 mol/L 水酸化ナトリウム溶液を用いて 2 回滴定を行う。100 mL ビーカーにリン酸 10 mL を加え，塩化ナトリウム溶液 50 mL を加えて希釈した溶液を 2 つ用意する。滴定中の攪拌は，マグネティックスタラーを用いて行う。

・1 回目は 0.5 mL 加えるごとに pH を測定し，pH が 12 前後になったら滴定を終了する。
・2 回目の滴定では，1 回目の滴定結果を参考にして，pH の変化が大きいと予想される点で適宜水酸化ナトリウム溶液の滴下量を小さくして，細かく pH を測定する。

§5 結果のまとめ

1. 実験 ①の結果から，水酸化ナトリウム溶液のファクターを求めなさい。
2. 横軸を水酸化ナトリウム溶液の滴定量，縦軸に pH をとり，滴定曲線を図示しなさい。

§6 考察，課題

1. リン酸の滴定曲線が，実験結果のような形になる理由を説明しなさい。

2　電気分解　～水溶液の電気分解～

§1　要　旨

純水は絶縁体であり，電気を通さない。水道水が電気を通すのは，水中に溶けた様々なイオン性物質が，電極上で酸化・還元反応を行うため，そのやり取りする電子が電線上を流れるためである。これを電気分解という。

§2　pH と分解電圧

塩酸は，水溶液中では H^+ と Cl^- に電離している。陽極（＋極）では，Cl^- が電子を失って Cl_2 が発生する。

$$2Cl^- \longrightarrow Cl_2 + 2e^- \qquad E^\circ = 1.40\ \mathrm{V}$$

一方，陰極（－極）では，H^+ が，陽極からの電子を受け取って，H_2 が発生する。

$$2H^+ + 2e^- \longrightarrow H_2 \qquad E^\circ = 0.00\ \mathrm{V}\ \text{（標準水素電極電位）}$$

電気分解は，陽極と陰極で起こりうる酸化還元反応において，半反応式の電位差に相当する電圧を両極にかけた時に起こる。よって，理論上は 1.4 V の電圧をかければ，この分解反応が起こることになる（実際は，もう少し過剰の電圧を必要とするはずであるが）。

硫酸の場合，水溶液中では H^+ と SO_4^{2-} に電離しているが，SO_4^{2-} が電子を失う反応はほとんど起こらないので，その代わりに水の電離によって生じている OH^- が陰極で電子を失って O_2 が発生する。

$$H_2O \longrightarrow O_2 + 4H^+ + 4e^- \qquad E^\circ = 1.23\ \mathrm{V}$$

ここであげられている電位 E° は「標準酸化還元電位」であり，実際はその環境によって電位は変化する。特に，反応式に含まれる化学種の濃度に大きく依存する。25℃（273.15K）では，実際の電位 E は Nernst の式によって，次のように表される。

$$E = E^\circ - (0.059/n)\log(\text{[還元される種]}/\text{[酸化される種]})$$

n は関与する電子数である。例えば，先ほどの水素の発生では（気体や沈殿は $[H_2]=1$ として良いので），

$$E = E^\circ - (0.059/2) \times \log([H^+]/1) = E^\circ + 0.030 \times \mathrm{pH}$$

となり，溶液の pH によって，電位が変化することが分かる。

§3　器具と試薬

器具または試薬	規　格	器具または試薬	規　格
濃塩酸		電圧計	
濃硫酸		電流計	
水酸化ナトリウム		スライド抵抗	
塩化ナトリウム		単１乾電池	
ビーカー	100 mL	電池ケース	
ビーカー	50 mL	白金板	
全量フラスコ	100 mL	リード線	
メスピペット	10 mL		

§4 実験操作

実験 ① 試料溶液の調製

1.0 mol/L 塩酸，0.5 mol/L 硫酸，1.0 mol/L 水酸化ナトリウム溶液，1.0 mol/L 塩化ナトリウム溶液を，それぞれ 100 mL 全量フラスコを用いて調製する。濃塩酸は 12 mol/L，濃硫酸は 18 mol/L とする。水酸化ナトリウムや塩化ナトリウムは精秤の必要はないが，大きく濃度がずれないようにする。

実験② 試料溶液の電気分解

100 mL ビーカーに白金板を刺し，白金板が 3 分の 2 程度浸るまで測定溶液を加える。電圧計，電流計，スライド抵抗を補遺図 2.1 のように配線する（電池への配線は，実験開始直前まで繋がないこと）。図中の f を最初は e 側いっぱいまで動かしておく。電池へ配線を繋ぎ，電圧系計の電圧を見ながら少しずつ e から遠ざける。電圧計 0.1 V 刻みで 2.5 V 程度まで電圧を上げ，それぞれの電流を測定する。

4 つの溶液を測定し終わったら，1.0 mol/L 塩酸と 1.0 mol/L 塩化ナトリウム溶液を混合する。この混合溶液についても，同様の測定を行う。

それぞれの溶液について，2 回ずつ繰り返す。その際，電極に付着した気体は振り混ぜて除いておく。

§5 結果のまとめ

1. 5 つの溶液について，加えた電圧を横軸，電流を縦軸にとり，電圧と電流の関係をそれぞれの溶液について図示しなさい。
2. 補遺図 2-2 を参考にして，それぞれの溶液の分解電圧を求めなさい。

§6 考察の例

1. それぞれの溶液について，陽極，陰極で起こっている反応を半反応式で書きなさい。
2. 1. において，Nernst の式から電位差を算出し，実際の分解電圧を比較しなさい。
3. 2. において，差が生じている場合，その原因について考えなさい。

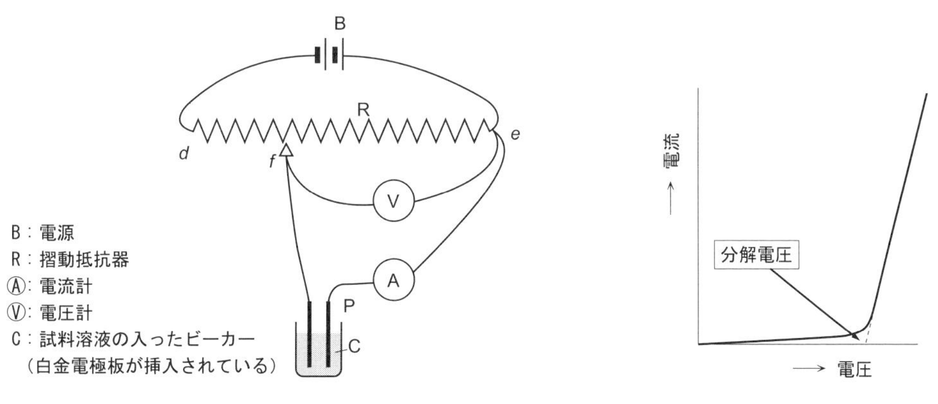

補遺図 2.1 配線図

補遺図 2.2 電圧と電流の関係

資料1　酸と塩基

試　　薬	化学式	式　量	密度（g/mL）	濃度（%）	濃度（mol/L）	市販品の例（JIS 特級）濃度（%）
塩　　酸	HCl	36.46	1.200	39.11	12.87	
			1.190	37.23	12.15	35.0 ～ 37.0
硫　　酸	H_2SO_4	98.08	1.839	99.70	18.69	
			1.840	95.60	17.93	95.0 以上
硝　　酸	HNO_3	63.01	1.520	99.67	24.04	
			1.420	69.80	15.73	69 ～ 70
酢　　酸	CH_3COOH	60.05	1.055	100	17.57	
			1.056	99.5	17.50	99.7 以上
		NH_3 として		NH_3 として		
アンモニア水	NH_3	17.03	0.882	34.95	18.10	
			0.900	28.33	14.97	28.0 ～ 30.0

索　引

た　行

な　行

は　行

ま　行

や　行

ら　行

わ　行

著者略歴

丸田 銓二朗（まるた せんじろう）
広島文理科大学化学科卒業　理学博士
山梨大学名誉教授

山根 兵（やまね たけし）
静岡大学大学院工学研究科工業化学専攻修了　工学博士
山梨大学名誉教授，秋田大学客員教授

丸田 俊久（まるた としひさ）
名古屋大学大学院工学研究科応用化学・合成化学専攻修了　工学博士
株式会社東海テクノ　特別顧問

佃 俊明（つくだ としあき）
大阪大学大学院理学研究科化学専攻修了　博士（理学）
山梨大学大学院教育学研究科　准教授

好きになる化学基礎実験（すきになるかがくきそじっけん）

2017年3月20日　初版第1刷発行

著者　丸田 銓二朗
　　　山根 兵
　　　丸田 俊久
　　　佃 俊明
発行者　秀島 功
印刷者　荒木 浩一

発行所　三共出版株式会社
東京都千代田区神田神保町3の2
郵便番号 101-0051 振替 00110-9-1065
電話 03-3264-5711 FAX 03-3265-5149
http://www.sankyoshuppan.co.jp

一般社団法人日本書籍出版協会・一般社団法人自然科学書協会・工学書協会　会員

印刷・製本　アイ・ピー・エス

ISBN 978-4-7827-0757-9

SI 基本単位

物理量	量の記号	SI 単位の名称	SI 単位の記号
長さ	l	メートル	m
質量	m	キログラム	kg
時間	t	秒	s
電流	I	アンペア	A
熱力学温度	T	ケルビン	K
物質量	n	モル	mol
光度	I_v	カンデラ	cd

SI 組立単位（誘導単位）

物理量	SI 単位の名称	SI 単位の記号	SI 基本単位による表現
周波数・振動数	ヘルツ	Hz	s^{-1}
力	ニュートン	N	$m\ kg\ s^{-2}$
圧力，応力	パスカル	Pa	$m^{-1}\ kg\ s^{-2}\ (=N\ m^{-2})$
エネルギー，仕事，熱量	ジュール	J	$m^2\ kg\ s^{-2}\ (=N\ m=Pa\ m^3)$
工率，仕事率	ワット	W	$m^2\ kg\ s^{-3}\ (=J\ s^{-1})$
電荷・電気量	クーロン	C	sA
電位差（電圧）・起電力	ボルト	V	$m^2\ kg\ s^{-3}A^{-1}\ (=JC^{-1})$

SI 組立単位と併用される単位

物理量	単位の名称		記号	SI 単位による値	
時間	分	minute	min	60	s
時間	時	hour	h	3600	s
時間	日	day	d	86400	s
平面角	度	degree	°	$(\pi/180)$	red
体積	リットル	litre, liter	l, L	10^{-3}	m^3
質量	トン	tonne, ton	t	10^3	kg
長さ	オングストローム	ångström	Å	10^{-10}	m
圧力	バール	bar	bar	10^5	Pa
面積	バーン	barn	b	10^{-28}	m^2
エネルギー	電子ボルト	electronvolt	eV	1.60218	$\times 10^{-19}$ J
質量	ダルトン	dalton	Da	1.66054	$\times 10^{-27}$ kg
	統一原子質量単位	unified atomic mass unit	u		lu = 1 Da